KB125020

지구과학

어디까지 알고 있니?

Planet Earth in Your Pocket
Copyright © 2006 by Michael Bright

Conceived by Elwin Street Ltd
Copyright Elwin Street Ltd 2006
144 Liverpool Road
London N1 1LA
www.elwinstreet.com

Korean Translation Copyright © 2012 by JakeunChaekbang Korean edition is published by arrangement Elwin Street Limited through BC Agency, Seoul.

이 책의 한국어판 저작권은 BC 에이전시를 통한 저작권자와의 독점 계약으로 작은책방에 있습니다.
저작권법에 의해 한국 내에서 보호를 받는 저작물이므로 무단전재와 복제를 금합니다.

지구과학
어디까지 알고 있니?

© 마이클 브라이트, 2012

초판 1쇄 인쇄일 2019년 8월 26일
초판 1쇄 발행일 2019년 9월 02일

지은이 마이클 브라이트 **옮긴이** 곽영직
펴낸이 김지영 **펴낸곳** 지브레인Gbrain
편집 김현주 · 정난진
마케팅 조명구 **제작 · 관리** 김동영

출판등록 2001년 7월 3일 제2005-000022호
주소 04021 서울시 마포구 월드컵로7길 88 2층
전화 (02)2648-7224 **팩스** (02)2654-7696

ISBN 978-89-5979-621-2(04450)
978-89-5979-610-6(SET)

• 책값은 뒤표지에 있습니다.
• 잘못된 책은 교환해 드립니다.

지구과학
어디까지 알고 있니?

마이클 브라이트 지음 곽영직 옮김

CONTENTS

8 지구상의 식물군과 동물군 169

9 날씨와 대기 197

1
지구

 지구와 태양계는 어떻게 시작되었나?

태양계의 기원은 100억 년 전에 형성된, 기체와 먼지로 구성된 성간운까지 거슬러 올라간다. 태양계는 은하의 중심부에서 뻗어 나온 나선 팔의 한 부분에 있던 성간운에서 만들어졌다.

약 46억 년 전에 태양을 형성하고 남은 기체와 먼지 그리고 부스러기들이 뭉쳐서 '미행성'이라고 불리는, 태양 주위를 도는 소행성 크기의 천체들이 만들어졌다. 당시에는 태양계 공간에 널려 있던 먼지가 태양 빛을 반사했기 때문에 태양계 공간은 저녁놀처럼 항상 붉게 물들어 있었다.

태양을 돌던 미행성들은 충돌을 통해 서로 합쳐져서 태양계를 이루는 8개의 행성 - 수성, 금성, 지구, 화성, 목성, 토성, 천왕성,

해왕성 – 이 되었고, 나머지는 소행성으로 남아 아직도 태양 주위를 돌고 있다. 태양계 형성 초기에 만들어진 행성이 엄청난 속력으로 충돌한 결과 부서져서 소행성이 만들어졌다고 주장하는 학자들도 있다.

태양계 공간을 떠도는 물질 중의 일부는 지구 대기권으로 들어와 유성이나 운석이 되었다.

태양계

행성	지름(km)	태양으로부터의 거리 (백만 km)	위성의 수	고리	공전 주기 (년)	자전 주기
수성	4,878	58	0	없음	0.24	58.65일
금성	12,104	108	0	없음	0.62	243일
지구	12,753	150	1	없음	1	24시간
화성	6,785	142	2	없음	1.88	24.62시간
목성	142,984	778	79	있음	11.86	9.84시간
토성	119,300	1,429	62	있음	29.46	10.56시간
천왕성	51,800	287,000	27	있음	84.01	17.23시간
해왕성	49,493	4,504,300	14	있음	164.8	16.12시간

상대적 크기를 고려하여 그린 태양계 행성들

초기 지구

46억 년 전에 지구가 처음 형성되었을 때 태양계에는 아직 많은 미행성이 남아 있었다. 그중 일부는 '대충돌 시기'에 지구에 충돌했다. 충돌로 인해 지구 온도가 올라가 지구를 이루는 물질들이 녹게 되자 철, 니켈 같은 무거운 원소는 지구 중심으로 가라앉게 되었고, 실리콘 같은 가벼운 원소들은 지구 표면 가까이에

떠오르게 되었다. 지구의 가장 바깥쪽을 이루는 지각은 가벼운 원소로 이뤄진 물질을 포함하는 얇은 표면으로, 가장 두꺼운 곳이라도 그 깊이가 70km 정도밖에 안 된다.

약 43억 년 전 지구는 여러 층으로 겹겹이 둘러싸인 양파 모양의 구조를 가지게 되었으며, 오늘날까지도 기본적인 구조가 유지되고 있다.

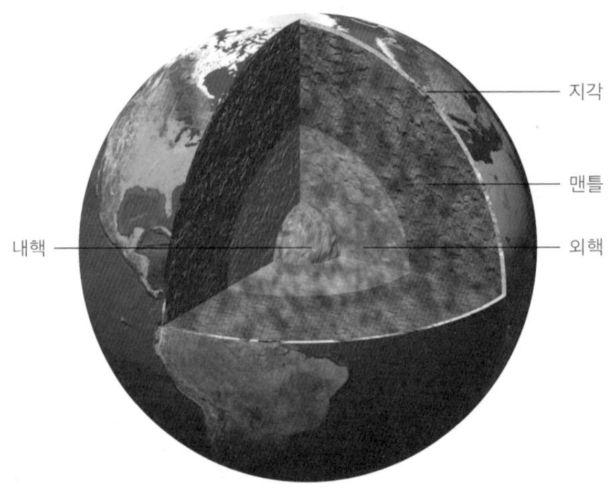

지구의 각 층

	두께(km)	구성 원소
내핵	1,200	고체 상태의 철과 니켈
외핵	2,300	용융 상태의 철과 니켈
맨틀	2,900	철, 실리콘, 망간, 산소 등
지각	10(해양), 70(대륙)	가벼운 원소들

대기와 물

여러 겹의 다른 층으로 둘러싸인 양파 같은 구조의 지구가 만들어지는 동안 기화 과정을 통해 지각으로부터 기체가 방출되어 수증기, 메탄, 암모니아, 질소, 일산화탄소, 염산, 이산화탄소, 황화 기체를 포함하는 원시대기가 형성되었다. 이러한 대기의 성분은 오늘날 화산에서 분출되는 기체의 구성 성분과 같다.

대기의 형성 과정에서 자외선이 물 분자를 산소와 수소로 분해하여 산소는 오존층을 형성했고, 수소는 우주 공간으로 달아났다.

푸른 행성

약 40억 년 전에 미행성의 충돌이 끝났다. 그리고 약 38억 년 전에 표면이 굳어져서 지구 최초의 암석이 형성되기 시작했다. 이 시기에 대기 중의 수증기가 응결되어 최초의 바다를 이루기 시작했다.

기대 수명: 지구와 태양

태양은 거대한 먼지와 기체 구름이 자체 중력에 의해 뭉쳐서 만들어졌다. 그리고 내부 온도가 1,500만℃ 이상 올라가자 가장 간단한 원소이면서 우주에 가장 많이 존재하는 원소인 수소의 원자핵들이 융합하여 헬륨 원자핵을 만드는 핵융합 반응이 시작되었다(만약 인공적인 핵융합 반응이 성공한다면 공해를 염려할 필요가 없는 청정에너지를 공급할 수 있을 것이다). 그때부터 태양은 외부로 에너지를 방출하는 빛나는 별이 되었다.

태양은 별 중에서 크기가 작은 별로, 주계열에 속한다. 또한 앞으로도 50억 년 동안은 에너지를 계속 방출하며 빛날 것으로 추정된다.

태양은 핵융합 반응을 통해 수소를 모두 사용하고 나면 핵융합 반응이 정지되고, 다시 수축하게 될 것이다. 이에 따라 내부 온도가 더 올라가면 헬륨 원자핵들이 융합하여 탄소 원자핵을 만드는 다음 단계의 핵융합 반응이 시작되어 더 많은 에너지를 방출할 것이다. 그렇게 되면 태양이 크게 부풀어 오르게 되고 태양 표면은 온도가 내려가 적색거성 상태가 될 것이다. 그때가 되면 지구를 비롯한 모든 내행성은 태양 안으로 빨려 들어갈 것이다. 그러고는 태양 중심에서 멀어져 중력이 약해진 외각 물질이 태양에서 분리되어 공간으로 날아가 행성상 성운을 만들 것이다.

태양의 핵에서 일어나던 핵융합 반응이 정지되면 온도가 낮아져 차츰 어두워지는 백색왜성이 되었다가 온도가 더 낮아지게 되면 더 이상 빛을 내지 못하는 흑색왜성이 되어 별로서의 일생을 마감하게 될 것이다.

달의 형성

약 45억 년 전 행성들이 형성되던 시기에 행성 중 하나가 지구에 충돌하여 많은 암석 부스러기를 공중으로 날려 보내 지구 궤도를 돌게 했다. 이 부스러기들이 모여 달을 형성했다. 이렇게 형성된 달 표면은 부스러기들이 충돌하면서 온도가 올라가 모든 것이 녹아 있는 상태, 즉 용암으로 덮인 용암 바다였다. 용암이 식어 표면이 굳어진 후에는 활발한 화산 활동이 약 9억 년 동안 계속되었다. 그러나 최근 3억 년 동안에는 화산 활동도 거의 없었고 운석의 충돌도 많지 않았다.

길어지는 하루의 길이

달은 지구에서 일어나는 자연 현상에 많은 영향을 줄 뿐만 아니라 지구의 자전 속도에도 영향을 주고 있다. 5억 7,000만~5억 년 전까지 계속된 캄브리아기에는 하루의 길이가 24시간이 아니라 20.6시간이었다. 그런데 아주 조금씩 지구에서 멀어지고 있는 달에 의한 조석작용의 영향으로 지구의 자전 속도가 느려지면서 하루의 길이가 길어지게 되었다. 이처럼 지구의 하루 길이를 결정하는 자전 주기는 지구와 달 사이의 상호작용으로 인해 100년마다 2밀리초씩 길어지고 있다.

지질학적 시대 명칭	시기	1년의 일수
후기 선캄브리아기	9억 년 전	487
초기 캄브리아기	6억 년 전	424
초기 오르도비스기	5억 년 전	412
중기 데본기	3억 7,000만 년 전	398
페름기와 트라이아스기의 경계	2억 4,500만 년 전	386
쥐라기(공룡 시대)	1억 8,000만 년 전	381
말기 백악기	6,500만 년 전	371
현대	현재	365

달과 조석 현상

달이 지구 주위를 공전함에 따라 지구상의 특정 지역과 달 사이의 거리가 달라지기 때문에 달이 잡아당기는 중력의 세기가 달라져 바닷물의 수위가 오르내리게 된다. 따라서 지구에서는 하루에 두 번씩 밀물과 썰물이 발생한다. 밀물과 썰물 사이의 시간 간격은 약 12시간 25분이다.

전 세계에서 조수간만의 차가 가장 큰 곳: 캐나다 노바스코샤의 펀디Fundy 만이 전 세계에서 조수간만의 차가 가장 큰 곳으로, 16m나 된다. 밀물과 썰물의 중간에 바다가 큰소리를 내는데,

사람들은 이것을 '달의 목소리'라고 부른다. 밀물이 되면 바닷물의 무게로 인해 노바스코샤의 지반이 조금 기운다. 하지만 대양의 중심 부분에서는 조수간만의 차가 0.5m 이하로 매우 작다.

전 세계에서 두 번째로 조수간만의 차이가 큰 곳: 영국과 웨일스 사이에 있는 세번[Severn] 강과 브리스톨[Bristol] 운하가 바로 두 번째로 큰 곳이다. 밀물이 들어올 때는 물이 2m 높이로 밀려온다. 밀물은 상류로 40km나 거슬러 올라가 글라우세스터[Gloucester] 시에까지 도달한다.

가장 위험한 해일: 장강이 있는 중국 항저우에서는 해일의 파고가 9m에 이르기도 한다. 그래서 강둑에 모여 파도가 지나가는 것을 구경하던 많은 사람이 바다에 빠지기도 했다.

가장 강력한 조석 해일: 아마존 지역에서 포로로카[pororoca]라고 불리는 대형 해일은 서퍼들을 한 번에 9.7km까지 밀어낸다.

사방이 막혀 있는 발틱 해와 지중해에는 조석의 차가 없다. 그러나 발틱 해에서는 기상 상태에 따라 수위가 높아지거나 낮아지는 일이 일어난다. 이 지역 사람들은 수위의 높이를 재서 날씨를 예측한다. 수위가 보통 때보다 높아지면 기압이 낮아진다는 것을 뜻하므로 날씨가 나빠진다. 반대로 수위가 낮아지면 고기압을 나타내고 날씨는 좋아진다.

지구는 움직이고 있다

지구 표면은 정지해 있는 것이 아니라 계속 움직이고 있다. 뜨거운 맨틀 위에 떠 있는 지각은 여러 개의 판으로 나누어져 있다.

판 이름	지역
북미판	북미, 북대서양 서쪽, 그린란드
남미판	남미, 남대서양 서쪽
남극판	남극 대륙, 오세아니아 남부 지역
유라시아판	북대서양 동쪽, 유럽, 인도양 서쪽
아프리카판	남대서양 동쪽, 아프리카, 인도양 서쪽
인도-오스트레일리아판	인도, 오스트레일리아. 뉴질랜드, 인도양의 대부분
나츠카판	(남아메리카 다음에 있는) 태평양 동쪽
태평양판	태평양 대부분 지역, 캘리포니아 서쪽 해안
*코코스, 아라비아, 주앙 드후카, 필리핀판 등 20여 개의 작은 판	태평양, 아라비아 반도, 북아메리카 서쪽, 남아메리카 남쪽

어떤 판의 경계에서는 판들이 서로 멀어지기도 하고, 어떤 곳에서는 서로 충돌하기도 한다(21쪽 그림 참조).

북아메리카는 유럽으로부터 매년 2cm씩 멀어지고 있다(이것은 손톱이 자라는 속도와 비슷하다). 대서양에서는 해양판이 갈라지고 있기 때문에 아이슬란드가 2개로 갈라지고 있다. 로스앤젤레스는 샌안드레아스 단층을 따라 1년에 5.6cm씩 천천히 북쪽으로 움직이고 있다. 따라서 1,500만 년 후에는 로스앤젤레스가 샌프란시스코 가까이 위치하게 될 것이다.

맨틀에서 마그마가 분출되어 굳어짐에 따라 새로운 육지가 만들어지고 있다. 그 결과 브라질의 초록거북은 해마다 더 먼 거리를 헤엄쳐 나가야 했으며, 남쪽으로 아센션[Ascension] 섬까지 이주했다. 해양 산맥에 있는 이 섬은 대서양 한가운데 위치한 작은 섬이다.

지구의 육지판이 움직임에 따라 기후가 크게 변하면서 남극 대륙에서 공룡이나 적도 식물 그리고 고대 상어와 유대류의 화석이 발견되고 있다.

가장 높은 산이 낮아지고 있다

에베레스트 산은 매년 1cm씩 밀어 올려지지만 높이는 매년 낮아지고 있다. 인도-오스트레일리아판이 아시아 대륙판과 충돌하면서 만들어진 산맥이 히말라야 산맥이다. 그리고 전 세계에서 가장 높은 10개의 산이 모두 이곳에 있다. 이 산 중에는 전 세계

에베레스트 산.

에서 가장 높은 산인 에베레스트 산도 포함된다. 그런데 산의 높이가 낮아지고 있다. 중국의 과학자들은 에베레스트의 높이가 알려진 것보다 1.2m 낮다는 것을 확인했다. 이는 지구 온난화로 인해 산 정상의 눈이 녹고 있기 때문이다.

지진

지각판이 충돌하거나 멀어지는 경계면에서 지진과 화산이 자주 발생한다.

1900년 이래 가장 강력했던 지진

시기	지역	강도 (리히터 규모)
1960년 5월 22일	칠레	9.5
1964년 3월 28일	알래스카 프린스 윌리엄 사운드	9.2
2004년 12월 26일	수마트라 벵골 만	9.15
2011년 3월 11일	일본 도호쿠 동일본(후쿠시마)	9.0
1957년 3월 9일	알래스카 안드레아노프 섬	8.6
1952년 11월 4일	러시아 캄차카 반도	9.0
2010년 2월 27일	칠레	8.8
1906년 1월 31일	에콰도르 해안	8.8
1965년 2월 4일	알래스카 랫 아일랜드	8.7
2005년 3월 25일	인도네시아 수마트라	8.6
1957년 3월 9일	알래스카 안드레아노프 섬	8.6

가장 피해가 컸던 지진

지구상에서는 매년 약 50~100만 회의 지진이 일어나고 있다. 그중에서 10만 회의 지진은 사람이 느낄 수 있을 정도의 지진이며, 피해를 주는 지진은 약 100회 정도다. 미국에서는 알래스카에서 지진이 가장 자주 발생하고, 플로리다와 노스다코타는 지진이 가장 드물게 발생하는 지역이다.

과학자들은 단층에 쌓이는 압력을 조사하여 지진이 발생할 지역과 시기를 예측하려고 노력한다. 그러나 이러한 예측은 그다지 정확하지 않다.

시기	지역	강도	인명 피해(추정치)
1556년 1월 23일	중국 산시성	8.0	830,000명
1976년 7월 28일	중국 탕샨시	7.5	255,000명(공식) 655,000명 (비공식)
2004년 12월 26일	수마트라 벵골 만	9.15	250,000명
1138년 8월 9일	시리아 알레포	미정	230,000명
2010년 1월 12일	아이티 대지진	7.1	약 220,000명
기원전 856년 12월 22일	이란 담그한	미정	200,000명
1920년 12월 16일	중국 간쑤성	8.6	200,000명
1922년 05월 22일	중국 시닝시	5.0	200,000명
893년 3월 23일	이란 아르다빌	미정	150,000명
1923년 9월 01일	일본 간토(관동)	7.9	143,000명
1948년 10월 05일	투르크메니스탄 아쉬가밧	7.3	110,000명

과학자들은 사람이 들을 수 있는 음파보다 훨씬 낮은 진동수의 소리를 들을 수 있는 코끼리가 먼 곳에서 일어난 지진의 소리를 듣거나 느낄 수 있다고 믿고 있다.

화산

2개의 대륙판이 만나는 화산대에서 지진의 발생 빈도가 커지는 것은 화산이 폭발할 가능성이 커졌다는 것을 의미한다.

전 세계에서 가장 극적인 화산 폭발

시기	지역	피해
기원전 1640년	에게 해 테라 지역(지중해)	아틀란티스가 사라짐
79년 8월 24일	이탈리아 베수바오	폼페이와 헤르쿨라니움의 파괴
1783년 6월 8일	아이슬란드 라키	27km 길이의 균열이 생김
1815년 4월 10일	인도네시아 탐보라	최대의 폭발적인 분출
1883년 8월 27일	인도네시아 크라카투	초대형 쓰나미를 발생시킴
1902년 5월 8일	마르티니크 펠레 산	뜨거운 붉은 구름이 성피에레를 뒤덮음
1980년 5월 18일	미국 세인트헬렌	산의 경사면에서 거대한 측면 폭발
1985년 11월 13일	콜롬비아 네바도 델 루이즈	뜨거운 구름이 빙하를 녹여 산사태가 일어나 아르메로를 뒤덮음

1902년, 펠레[Pelée] 산의 화산 분출 시 160km/h의 빠른 속도로 몰려온 화산기체 구름에 의해 많은 사람이 목숨을 잃었다. 이 화산 폭발에서 살아남은 사람은 지하 감방에 수감되었던 죄수들뿐이었다.

항공기 운항 통제

1982년 이후 점보제트기가 화산 폭발로 분출된 구름 속을 비행하던 중 적어도 일곱 차례나 엔진이 정지하는 사고가 발생했다. 다행스럽게도 모두 엔진을 재시동할 수 있었지만 비행기의 고장을 복구하는 데 들어간 비용은 수백만 달러에 이르렀다. 그 결과 지진학자들과 비행 관제사들 사이의 긴밀한 협조로 화산 폭발에 관한 정보를 조종사에게 빠르게 전달하는 체계를 갖추게 되었다.

가장 활동적인 화산

전 세계에서 가장 활동적인 화산은 하와이의 빅 아일랜드에 있는 킬라우에아[Kilauea] 화산이다. 이 화산은 1983년 용암 분출을 시작한 이래 지난 200년간 '푸우 오'라고 불리는 남동 분출구에서 아직도 매일 61만 2천m^3씩 용암을 분출하고 있다. 이

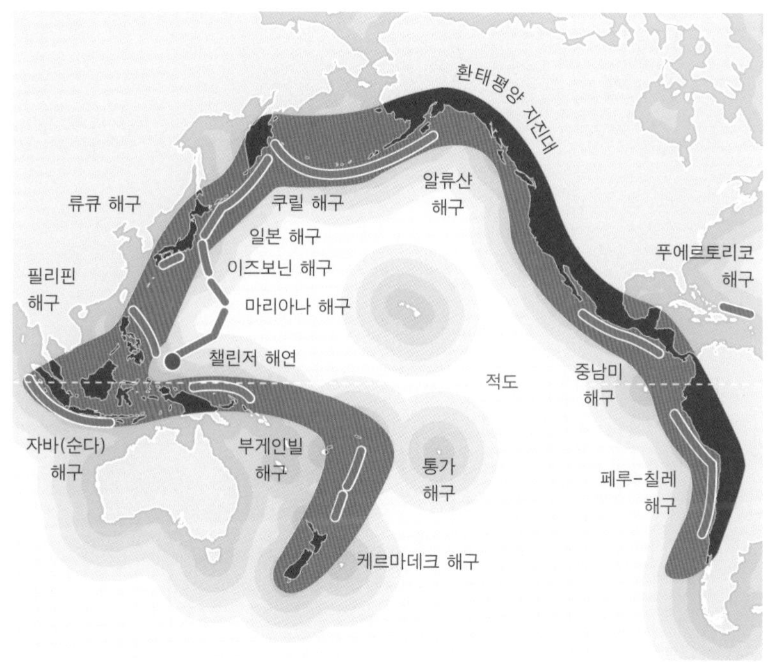

환태평양 지진대 지도

처럼 가장 오랫동안 분출된 이 화산의 용암은 180채의 가옥, 교회, 마을회관, 전력선과 전화선, 고고학적 유물이나 예술품을 집어삼켰고, 65km^{2}의 숲을 불태웠으며, 섬의 길이는 약 1.6km 길어졌다. 매우 조용하게 진행되고 있는 이 용암이 치솟은 높이는 수십 m 정도다. 전설에 의하면 이 화산은 화산의 여신인 펠레가 만든 것이라고 한다. 펠레 여신은 화가 나면 발로 땅을 세게 밟아 지진을 일으키고 지팡이로 구멍을 내 화산을 분출시킨다고 한다.

쓰나미

지진이나 화산 분출이 때로는 대양을 가로질러 전파되는 거대한 파도를 만들기도 한다. '쓰나미'라고 부르는 이런 파도는 지진이나 화산 분출보다 더 큰 피해를 발생시키는 경우가 많다.

전 세계에서 가장 큰 피해를 입힌 쓰나미는 2004년 12월 26일에 수마트라 안다만Andaman 해저에 발생한 진도 9.15의 강진이 발생시킨 쓰나미였다. 대부분의 지진은 몇 초 정도로 끝나지만, 이 지진은 약 10분 동안이나 계속되었다. 이 지진이 발생시킨 높이 30m의 파도가 인도양을 가로질러 전달돼, 해안가 저지대에 살던 약 25만 명이 목숨을 잃었으며, 약 8,000km 떨어져 있는 남아프리카 해안까지 덮쳐 사람들의 목숨을 앗아갔다.

보통의 파도는 물이 원을 그리며 움직인다.

쓰나미가 보통의 파도보다 파고가 특별히 높은 것은 아니지만, 보통의 파도보다 훨씬 위험하다. 바람이 만드는 보통 파도의 경우에는 물이 다가오기도 하고 멀어지기도 하지만, 쓰나미의 경우에는 물이 육지로 흘러들어와 넓은 지역을 물에 잠기게 한다.

쓰나미의 경우에는 물이 똑바로 앞으로 흘러간다.

쓰나미의 역사

시기	지역	자세한 내용
기원전 6100년	노르웨이 스토레가 해변	전 세계 역사상 가장 심각한 3대 산사태를 발생시킴
기원전 1640년	그리스 테라, 산토리니	150m 높이의 쓰나미가 크레타를 강타해 미노아 문명을 파괴함
1607년 1월 30일	영국 브리스톨 해협	수면이 현재보다 2.4m 상승하여 도시 전체를 침수시킴
1700년 1월 26일	캐나다 밴쿠버 아일랜드	일본에 관측기록이 남아 있고, 북아메리카 인디언들에게도 구전됨
1755년 11월 1일	포르투갈 리스본	리스본 지진에서 살아남은 사람들은 30분도 지나지 않아 쓰나미로 인해 목숨을 잃음
1883년 8월 27일	인도네시아 크라카토아	140m 높이의 쓰나미로 수천 명이 목숨을 잃음
1929년 11월 18일	캐나다 뉴펀들랜드	그랜드뱅크스의 지진이 7m 높이의 쓰나미를 발생시킴
1946년 4월 1일	알류샨 열도 하와이, 알래스카	알류샨 열도의 지진이 태평양을 지나는 쓰나미를 발생시킴. 태평양 쓰나미 경고 센터를 발족시킴
1960년 5월 22일	칠레 남부	25m 높이의 쓰나미가 22시간 후 일본에 도달함
1964년 3월 27일	알래스카, 영국, 콜롬비아, 캘리포니아, 북서 태평양	굿 프라이데이 지진이 6m 높이의 쓰나미를 발생시킴
1979년 12월 12일	콜롬비아, 에콰도르	진도 7.9의 지진이 발생시킨 쓰나미로 콜롬비아의 6개 어촌이 침수됨
1993년 7월 12일	일본 홋카이도	동해에서 지진이 발생하고 나서 5분 후에 쓰나미가 몰려옴. 이 쓰나미로 오쿠시리 섬이 침수됨
2011년 3월 11일	일본 동북 해안	후쿠시마 원전 방사능 누출 사고

침식

화산이나 충돌하는 지각판이 산을 만든다면 물, 얼음, 바람은 산을 깎아내린다. 강물은 조금씩 육지를 침식하여 그랜드캐니언 같은 깊은 골짜기를 만들고, 바람은 풍화작용을 통해 바위를 깎아내 거대한 자연 조각품을 만든다. 하지만 현재 지구 표면의 모양을 만든 가장 큰 힘은 얼음이다. 육지 면적의 10%만 얼음이 덮여 있는 오늘날과는 달리 1만 2,000년 전에는 육지의 30%가 두꺼운 얼음으로 덮여 있었다. 이 시기를 '빙하기'라고 부른다.

열대 빙하기

보통 빙하기라고 부르는 것은 300만 년 전부터 1만 년 전까지의 기간에 북반구에 얼음이 뒤덮인 시기를 뜻한다. 그러나 지구상에는 이들 빙하기뿐만 아니라 열대 지방까지도 얼음에 뒤덮인 '열대 빙하기Tropical ice age'가 30~40번이나 있었다.

소빙하기

16~19세기에 전 세계는 소빙하기를 경험했고, 소빙하기가 일상생활에 어떤 영향을 주었는지에 대한 많은 기록이 남아 있다.

런던: 런던 주민은 얼어붙은 템스 강에서 스케이트를 탔으며, 영국의 얼어붙은 강과 운하에서 '얼음 축제'를 열었다.

뉴욕: 1780년 겨울에 뉴욕 만이 얼었으며, 사람들은 맨해튼에서 스테이튼 섬까지 걸어서 건널 수 있었다.

북극: 북극의 얼음이 남쪽으로 떠내려와 에스키모의 카약이 스코틀랜드에 상륙한 기록이 남아 있다.

이탈리아: 추운 날씨에 자란 나무는 매우 밀도가 높은데, 안토니오 스트라디바리Antonio Stradivari가 만든 바이올린의 품질이 좋은 이유다.

프랑스: 1788년 여름에 추위가 와 짧은 기간 동안 휴무가 실시되었다. 그러나 불행하게도 그해 초에는 날씨가 너무 더워 작물이 시들어 죽었다. 겨우 살아남은 작물도 추운 날씨가 불러온 극심한 우박으로 모두 망가졌다.

1954년에 과학자들은 캐나다의 유콘 지방에서 마지막 빙하기 말 이래 지금까지 남아 있는 쥐의 굴에 잘 보존되어 있는 씨앗을 발견했다. 그것은 적어도 1만 년은 된 북극 툰드라 지역에 자생하는 루핀Lupinius articus의 씨앗이었다. 씨앗을 심자 48시간만에 싹이 텄고 그중 하나는 꽃을 피웠다.

눈덩이 지구

빙하기와 소빙하기는 비교적 최근에 일어난 사건이지만, 7억 5,000만~5억 8,000만 년 전까지 계속된 선캄브리아기 동안에도 전 세계의 거의 모든 바다가 얼었던 적이 있었을 것으로 추정된다. '눈덩이 지구Snowball Earth'라고도 불리는 바랑 빙하기Varangian glaciation는 단지 과학적 이론이 아니라 전 세계 곳곳에서 발견되는 빙하 퇴적물로 인해 신빙성이 높아지고 있다. 이와는 달리 최근에 있었던 빙하기의 퇴적물은 지구상의 일부 지역에서만 발견된다.

오늘날의 얼음

지구상에 있는 염수 대부분은 바다를 형성하고 있는 반면 민물

남극의 로스 바다에 떠다니고 있는 빙산

은 대부분(약 75%) 얼음과 빙하 형태로 존재한다. 이것은 60년 동안 전 세계에 내리는 비의 양과 맞먹는 양으로, 만약 이 얼음이 모두 녹는다면 해수면의 높이는 현재보다 약 70m 정도 높아질 것이다.

돌멩이를 비롯한 여러 가지 물질을 포함하고 있는 빙하는 200년마다 1m씩 땅을 침식시킨다.

대규모 빙하

현재 대부분 빙하는 북극과 남극에서 발견되지만 다른 대륙에서도 발견된다. 빙하가 형성되기 위해서는 매우 독특한 기후 조건이 필요하다. 겨울에 눈이 많이 오고, 여름에도 눈이 모두 녹지 않을 정도로 온도가 낮게 유지되는 지역에서 빙하가 형성된다.

세계에서 가장 긴 빙하: 길이가 563km나 되는 남극의 람베르-피셔Lambert–Fischer 빙하가 세계에서 가장 긴 빙하다.

세계에서 가장 큰 고산성 빙하: 해발 5,400m에 형성된, 길이가

78km나 되는 히말라야 산맥의 카라코람에 있는 시아첸Siachen 빙하는 가장 큰 빙하일 뿐만 아니라 가장 높은 곳에 위치한 전투지역이기도 하다. 이 지역은 인도와 파키스탄이 영토 분쟁을 벌이고 있는 곳이다. 시아첸은 '장미의 땅'이라는 뜻인데, 빙하 아래 있는 골짜기에 많은 야생화가 피기 때문에 붙여진 이름이다.

유럽에서 가장 큰 빙하: 스위스에 있는 알레츠Aletsch 빙하는 알프스에서 가장 큰 빙하일 뿐만 아니라 유럽 대륙 전체를 통틀어 가장 큰 빙하다. 이 빙하는 길이가 24km이고 폭이 1.6km로 170km^{2}의 땅을 덮고 있다. 알레츠 빙하는 해발 4,000m인 알프스의 융프라우 지역에서 시작되어 매년 150~200m씩 흘러내리고 있다.

북미 대륙에서 가장 큰 빙하: 알래스카의 베링Bering 빙하는 길이가 204km이고 폭이 8~12km에 이른다. 빙하의 두께는 600~700m 정도로, 베링 빙하에서 떨어져 나온 얼음은 비투스Vitus 호를 떠다니는 빙산이 된다.

세계에서 가장 빠르게 흐르는 빙하: 1953년에 파키스탄의 쿠티아Kutiah 빙하는 하루에 112m씩 흘러내렸다.

2

암석

지구상에서 가장 오래된 암석

지구상에 형성된 물질 중에서 가장 오래된 것은 오스트레일리아 서부에 있는 잭 힐의 퇴적암 속에서 발견된 지르콘 결정이다. 이 결정은 달이 형성되고 나서 얼마 지나지 않은, 지금으로부터 44억 년 전에 형성되었다.

지구에서 발견된 암석 중 가장 오래된 것은 캐나다의 북서부에 있는 그레이트슬레이브Great Slave 호수 부근에서 발견된 40억 3,000만 년 전에 형성된 아카스타 그네시스Acasta gneisses 암석과 그린란드 서부에서 발견된 37~38억 년 전에 형성된 수프라크러스탈Supracrustal 암석이다.

이 외에도 35억 년 이상 된 암석들이 미국 미네소타 강 골짜기와 미시간 북부, 스와질란드, 오스트레일리아 서부 지역에서 발견되었다. 이 암석들은 초기 지각에서 형성된 것이 아니라 이후에 분출된 용암이나 퇴적 작용에 의해 형성된 암석들로, 이는 지구의 지질학적 역사가 이 암석들이 형성되기 이전에 시작되었음을 나타낸다.

외계에서 온 암석

지구에서 발견된 물질 중에서 가장 오래된 것은 운석이다. 운석들은 태양계가 형성되던 약 45억 5,000만 년 전에 만들어져 태양계를 떠돌다가 지구로 들어온 것이다. 운석 대부분은 대기 중에서 타서 없어지지만, 일부는 지구 표면에 도달한다.

운석

형태	구성 성분
암석 운석	운석의 90%가 암석으로, 주요 성분은 규소 화합물
철 운석	주로 니켈과 철로 이뤄진 운석
암석-철 운석	암석과 철이 혼합된 운석

운석공의 위치	지름(km)	충돌 연대
남아프리카 브레데포트 Vredefort	250~300	20억 2,000만 년 전
캐나다 서드버리 구조 Sudbury Structure	200	18억 5,000만 년 전
멕시코 만 치크술루브 Chicxulub	180	6,500만 년 전

유성과 별똥별

운석이 대기권으로 들어와 약 97km에 이르면 밝게 타면서 우리 눈에 보이게 된다. 운석은 대개 소리 속도보다 30~60배 빠른 속도로 대기권에 진입하여 대기 중을 통과하는 동안 공기와의 마찰에 의해 높은 온도가 되어 타면서 밝게 빛나게 된다. 운석의 질량은 평균 몇 g 정도에 불과하지만 '유성' 또는 '별똥별'이라고 불리는 밝은 운석의 질량은 약 1.4kg 정도다.

우주에서 온 거대한 암석

전 세계에서 가장 큰 호바Hoba 운석은 지금도 나미비아 그루트폰타인Grootfontein의 땅속에 박혀 있다. 이 운석의 질량은 약 61t 정도 될 것으로 추정된다.

박물관에 전시된 운석 중에서 가장 큰 것은 뉴욕 자연사 박물

전 세계에서 가장 큰 호바 운석은 대략 1억 9,000만~4억 1,000만 년 전에 지구에 떨어진 것이다.

관에 전시되어 있는, 그린란드에서 발견된 아니히토Ahnighito 운석이다. 이 운석은 질량이 203t이나 되는 케이프요크Cape York 운석의 일부로, 케이프요크 운석은 지구 대기로 진입하면서 여러 조각으로 부서졌다.

유성의 관찰

일 년 중 유성을 가장 잘 관측할 수 있는 시기는 페르세우스 유성우가 쏟아지는 8월이다. 이 시기에는 매시간 60개의 유성을 관찰할 수 있다.

지구의 암석

지구상에 형성된 암석들은 화성암, 퇴적암, 변성암 중 하나이다.

화성암

화성암은 화산을 통해 지각 밖으로 분출되었거나 암석 틈을 뚫고 지각으로 흘러나온 용암이 식어서 형성된 암석이다. 화성암은 심성암과 화산암으로 나눌 수 있다.

심성암은 용암이 지각의 깊은 곳에서 서서히 식으면서 형성되어 커다란 결정을 포함하고 있으며 화강암이 대표적이다. 화산암은 용암이 지각 밖으로 분출된 후에 빠르게 식으면서 형성되었다. 따라서 화산암은 결정의 크기가 작고 때로는 유리처럼 보이기도 하며 현무암이 대표적인 화산암이다.

화성암의 종류

규장질 규소 같은 가벼운 원소를 많이 포함하고 있는 암석

중간 형태 가벼운 원소와 무거운 원소를 골고루 포함하고 있는 암석

고철질 마그네슘이나 철 같은 무거운 원소를 많이 포함하고

있는 암석

초고철질 실리콘을 매우 적게 포함하고 있는 화성암

암석 명칭	구조	구성 성분
유문암	결정이 작다	규장질
화강암	결정이 크다	규장질
흑요석	유리질	규장질
부석	많은 기공을 포함하고 있다	규장질
안산암	결정이 작다	중간 형태
데이사이트	중간 크기의 결정	중간 형태
섬록암	결정이 크다	중간 형태
현무암	결정이 작다	고철질
휘록암	중간 크기의 결정	고철질
반려암	결정이 크다	고철질
화산암재	많은 기공을 포함하고 있다	고철질
감람암	결정이 크다	초고철질

퇴적암

퇴적암은 여러 가지 다른 과정을 거쳐 형성된다. 어떤 퇴적암은 화성암이 침식된 후 쌓여서 형성되기도 하고, 생물의 뼈대 같은 물질이 해저에 쌓여서 형성되기도 하며, 바람에 불려 온 모래

가 쌓여서 형성되기도 한다.

퇴적암의 종류

암석 명칭	특징
역암	거칠고 둥근 입자
각력암	거칠고 둥근 입자
사암 - 유사 사암	어두운 색의 입자
사암 - 장석질 사암	붉은색의 입자
석영	흰색 또는 갈색 입자
실트암	고운 모래 같은 입자
이암	진흙 입자 같은 고운 입자
이판암	진흙 입자 같이 고운 입자가 배열되어 있음
석회암	탄화칼슘으로 구성됨
결정질 석회암	입자가 거친 탄화칼슘
화석 함유 석회암	화석을 포함하고 있는 석회암
어란상 석회암	작은 구형의 입자로 이뤄진 석회암
백악	아주 작은 동물의 껍질이나 가루로 이뤄짐
백운암	탄화칼슘과 탄화마그네슘으로 구성됨
온천 침전물	밴드 형태의 탄화칼슘
패각암	화석 조각들이 느슨하게 결합됨
규질암	밝은 색의 수정으로 매우 단단함
부싯돌/수석	어두운 색의 수정으로 매우 단단함
토탄/이탄	갈색의 부드럽고 기공이 많은 식물의 잔해
갈탄	석탄과 토탄 사이의 구조인 갈색 식물 잔해
석탄	검고, 밀도가 높으며, 잘 부서지는 식물 잔해
암염	염화나트륨으로 이뤄진 증발 잔류암
석고	석고로 이뤄진 부드러운 증발 잔류암

변성암

모든 암석은 지구 내부의 고온과 고압 하에서 변성암이 될 수 있다. 대리석 같은 변성암은 커다란 암석인 반면 편마암 같은 변성암은 띠 형태로 분포하며, 점판암 같은 변성암은 나무 잎사귀처럼 얇은 판 형태다.

변성암의 종류

암석 명칭	특징
점판암	고운 입자, 밀도가 높음, 엽상의 광물질
천매암	고운 입자, 밀도가 높음
편암	포함하고 있는 광물질에 따라 여러 가지 다른 이름으로 불림
편마암	띠 모양의 밝고 어두운 색의 광물
대리석	비교적 연하고 중간 정도의 입자 크기, 석회암의 변성암
백운 대리석	중간 또는 거친 입자, 사암의 변성암
규암	단단하고, 중간 또는 거친 입자
각섬암	검은색의 삼각기둥 모양의 결정
변성역암	여러 가지 암석이 혼합된 암석
혼펠스	밀도가 크고, 어두운 색의 진흙 암석
무연탄	광택이 있는 검은색의 식물 잔해로 이뤄진 암석

석회암이 침식작용을 일으켜 만들어진 카르스트는 전 세계 곳곳에서 아름다운 경치를 자랑한다. 바다 밑에서 형성된 석회암이 밀려 올라가 산꼭대기에 도달하기도 하고, 물과 얼음이 석회암을 깎아내 가파르고 깊은 계곡을 만들거나 강물이 지하로 사라져 석회암 동굴을 만들기도 한다. 석회암 동굴의 천장이 무너지면 협곡이 만들어진다.

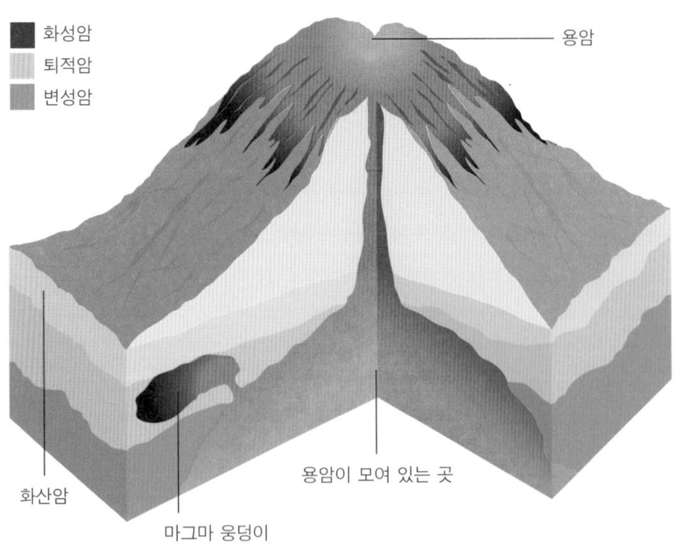

세 가지 암석이 어떻게 형성되는지를 보여주는 그림

이집트 기자에 있는 피라미드를 만드는 데 500만 개 이상의 암석 벽돌이 사용되었다. 한때는 이 암석 벽돌들이 자연 석회석을 잘라낸 것이라고 생각했지만, 최근 프랑스 연구진은 이 암석들이 역암을 이용하여 만든 콘크리트 벽돌이라는 것을 알아냈다. 채석장에서 잘라내 옮겨온 것이 아니라 현장에서 찍어낸 것임이 밝혀진 것이다.

벽돌

화강암, 석회암, 대리석은 건축용 자재로 가장 많이 사용되는 암석이다.

그리스의 파르테논 신전은 아티카Attica의 세인트 펜텔리쿠스St. Pentelicus 대리석으로 지어졌으며, 피사의 사탑은 3만 2,240개의 석회암 벽돌을 이용해 만들어졌다. 그리고 워싱턴의 메모리얼 브리지는 화강암으로 건축되었다.

동굴

전 세계에서 가장 깊거나 가장 긴 동굴이라는 타이틀은 동굴 탐험가들이 동굴을 점점 더 깊이 탐험함에 따라 계속해서 다른 동굴에 주어지고 있다. 현재 전 세계에서 가장 깊은 동굴은 조지아 서코우커스에 있는 크루베라Krubera 동굴로, 우크라이나 동굴 탐험가들은 이 동굴을 따라 2,080m까지 내려갔다. 전 세계에서 가장 긴 동굴은 미국 켄터키 주에 있는 매머드 케이브Mammoth Cave로 총 길이는 59만 629m다.

가장 높은 동굴

동굴	특징	크기
슬로바키아 크라스노호스카 야스키냐	로즈나바 케이버 석순	높이 32.6m, 너비 15m
프랑스 아방아르망	팔무트룬Palmtrunc 석순	높이 30m
미국 뉴멕시코 주 칼스배드 캐번스 오글 동굴	이백주년 기둥	높이 33.5m
미국 뉴멕시코 주 칼스배드 캐번스 오글 동굴	모나크	높이 27m
미국 켄터키 주 쿠조 동굴	헤라클레스 기둥	높이 19m, 둘레 10m
미국 앨라배마 주 캐시드럴 동굴	골리앗	높이 18m, 둘레 24m
뉴질랜드 캐시드럴 동굴	제단석	높이 15m, 둘레 32m

동굴학speleology은 동굴과 카르스트 지형의 구조, 물리적 성질, 역사, 그곳에 서식하는 생명체, 형성 과정 등을 과학적으로 연구하는 학문 분야다.

석순과 종유석

석순은 아래에서 위로 자라고, 종유석은 위에서 아래로 자란다. 석순과 종유석은 모두 칼슘을 많이 포함하고 있으며, 물이 동굴의 천장에서 바닥으로 떨어지면서 성장한다.

어둠 속의 생명체들

눈이 없는 동굴새우, 가재 같은 진동굴성 동물은 동굴의 진정한 주민으로, 일생 동안 지하 동굴에서 보낸다.

동굴거미, 귀뚜라미, 지네와 같이 동굴을 선호하는 동물은 동굴이나 동굴 주변에서 생활한다.

박쥐나 쏙독새처럼 동굴을 자주 찾는 동물들은 동굴에서 많은 시간을 보내지만, 먹이를 구하기 위해서는 동굴을 떠나야 한다.

중국에 있는 황룡동굴에서 석순과 각종 암석들이 형성되고 있다. 이 동굴은 아시아에서 가장 크다.

접촉 변성암 지역

암석이 용암의 열과 접촉하면 접촉성 변성암이 된다. 영국 남서부의 다트무어Dartmoor나 보드민무어Bodmin Moor와 같이 거대한 화성암 지역 주변은 접촉 변성암 지역으로 널리 알려져 있다. 이곳에서는 주석, 구리, 납, 망간, 라듐, 니켈, 코발트, 비소, 비스무트, 은 같은 광물들을 쉽게 발견할 수 있다. 따라서 로마 시대부터 19세기 말까지 많은 광산이 개발되었다.

다이아몬드는 영원히

보석은 대개 지구 깊은 곳에서 만들어진다. 예를 들어 다이아몬드는 가장 오래된 대륙의 지하 150km에 있는 맨틀 상부의 높은 온도와 압력에 의해 만들어진다. 만약 많은 기체를 함유한 용암이 다이아몬드를 포함하고 있는 암석을 통해 빠른 속도로 지각으로 올라와 분출하게 되면 다이아몬드와 다른 많은 광물을 지표로 운반하게 된다. 용암이 킴벌라이트kimberlite(남아프리카공화국 킴벌리에서 처음 발견되었기 때문에 붙여진 이름) 관 또는 '푸른 땅blue ground'이라고 부르는 당근 모양의 관 형태로 굳은 후에 윗부분이 침식되면 다이아몬드가 밖으로 드러나게 된다. 다이아몬드는 자신을 지표로 운반해준 용암보다 훨씬 오래전에 형성된 것으로, 나이는 9,500만 년이 넘으며, 다이아몬드 중에는 가장 오래된 대륙보다 더 오래된 것도 있다. 따라서 다이아몬드는 지구상에서 가장 오래된 결정이라고 할 수 있다.

다이아몬드는 순수한 탄소로 만들어지기 때문에 보석 중 유일하게 하나의 원소로 이루어진 보석이다.

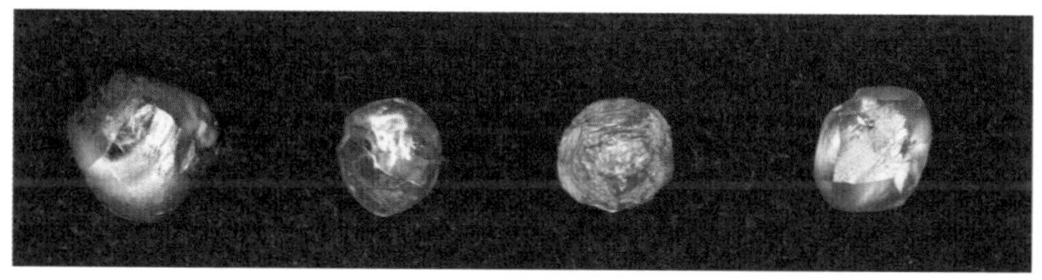

미국 아칸소 주 다이아몬드 주립공원의 분화구에서 발견된 다이아몬드 결정. 이 공원은 전 세계에서 여덟 번째로 다이아몬드 매장량이 많은 곳이다.

가장 큰 다이아몬드

지구상에서 가장 큰 다이아몬드는 '아프리카의 별'이라는 이름이 붙여진 530캐럿짜리 다이아몬드다. 이 다이아몬드는 런던탑에 보관된 왕관을 장식하고 있는데, 지금까지 발견된 다이아몬드 중에서 가장 큰 3,100캐럿이나 되는 다이아몬드에서 잘라낸 것이다.

아프리카의 별 다이아몬드

하늘의 다이아몬드

우주에서 가장 큰 다이아몬드는 순수한 탄소 결정으로 이뤄진 '백색왜성'이다. 백색왜성은 일생의 마지막 단계에 있는 별로, 2003년 미국의 천문학자가 발견했으며 켄타우루스자리 방향으로 5,000만 광년 떨어져 있다. 'BPM37093'이라는 이름이 붙여진 이 다이아몬드 별은 〈하늘의 다이아몬드를 가진 루시〉라는 비틀스의 노래 제목을 따라 '루시Lucy'라고 부르기도 한다. 지름이 4,023km인 이 다이아몬드 별을 캐럿으로 환산하면 10^{31}캐럿이나 된다.

채광

지각에서 광물을 채취하는 방법에는 노천채굴, 갱도채굴, 채석, 석유나 가스를 캐내기 위한 유정 등이 있다. 황을 채굴하는 데 사용하는 프라슈Frasch 공정 같은 특수한 방법이 사용되기도 한다. 프라슈 공정에서는 뜨거운 수증기를 황 광상에 주입해 황을 녹인 다음 압축공기를 이용해 지상으로 퍼 올린다.

가장 깊은 광산

전 세계에서 가장 깊은 광산은 남아프리카공화국에 있다. 이스트랜드East Land 금광은 깊이가 3,585m나 되며, 웨스턴 딥Western deep 금광은 현재 4,000m 깊이까지 파 내려간 상태로, 앞으로 5,000m까지 더 파 내려갈 예정이다. 남아프리카공화국 광산에서는 전 세계 금의 40% 정도를 생산하고 있다.

골드러시

유명한 캘리포니아의 골드러시는 1848년 1월 4일 제임스 마셜James Marshall이 물레방아를 설치하다가 콩알 크기의 금을 발견하면서 시작되었다. 그 후 325만 kg이 넘는 금이 발견되었는데

메리포서, 투올러미, 캘러베러스, 아마도르, 엘도라도에 이르는 금맥에 매장된 금의 80%는 아직도 땅속에 묻혀 있는 것으로 추정된다. 1854년에 스태니슬라스 강가에 있는 카슨 힐Carson Hill에서 발견된 가장 큰 금덩이의 무게는 88.5kg이나 되었다.

캘리포니아 골드러시에서 처음으로 백만장자가 된 사람은 도끼, 삽, 괭이의 수요를 예측한 샘 브래넌Sam Brannan이라는 상인이었다. 그는 캘리포니아에서 가장 큰 부자가 되었다.

지하에 있는 가장 큰 구덩이

사람이 만든 가장 큰 구덩이는 남아프리카공화국의 킴벌리에 있다. 전성기에 킴벌리에서는 3만 명의 사람이 1,450만 캐럿의 다이아몬드를 채취하기 위해 2,800만 t의 '블루 그라운드'를 파헤쳤다. 그중에는 530캐럿짜리 '아프리카의 별'도 포함되어 있다. 깊이가 240m나 되었던 이 구덩이는 나중에 쓰레기 매립장으로 사용되었다. 킴벌리에 있는 지하 광산의 깊이는 1,097m이며 지름은 457m나 된다.

세계에서 가장 큰 인공적인 구덩이는 미국 유타 주에 있는 빙햄캐니언 구리 광산이다. 이곳에서는 다른 어느 곳보다 많은 양의 구리를 생산했는데, 깊이는 0.8km이고 폭은 4km다. 우주왕복선의 비행사들은 지구 궤도에서도 그 흔적을 볼 수 있었다.

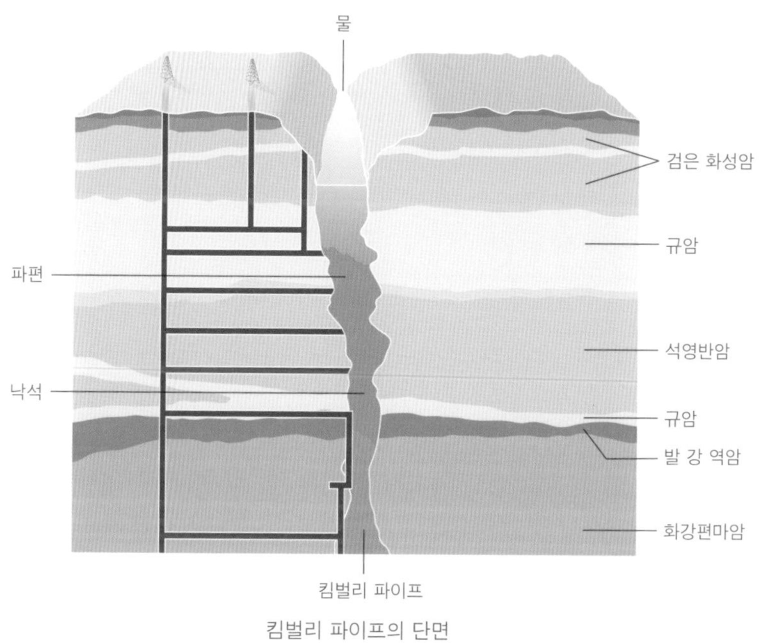

킴벌리 파이프의 단면

석유

석유는 수백만 년 전에 죽은 바다 생명체나 식물의 잔해가 여러 퇴적층에 의해 높은 압력을 받은 후 지각 내부의 높은 열로 인해 만들어졌다. 이렇게 만들어진 석유는 자동차의 연료, 가정의 난방, 곡물을 생산하는 데 사용되는 비료, 음식을 오래 보관하는 데 사용되는 에너지원 등으로 쓰이고 있다.

세계에서 가장 큰 유전

유전	나라	1일 생산량(배럴)
가와르	사우디아라비아	450만
칸타렐	멕시코	200만
부르간	쿠웨이트	170만
다칭	중국	100만

토양: 곱게 갈라진 암석 또는 잘게 부서진 쓰레기

토양은 고운 가루로 부서진 암석에 동물이나 식물의 잔해가 섞인 것이다. 토양의 종류는 진흙과 모래 그리고 유기물이 얼마나 섞여 있느냐에 따라 나누기 때문에 토양의 가치나 의미는 사람에 따라 달라진다. 공학자들은 토양을 건물을 짓기 위해 치워버려야 하는 불필요한 것으로 생각한다. 지리학자들은 토양을 표토라고 생각하며, 토양 자체보다는 어떤 물질을 포함하고 있느냐에 관심을 가진다. 농부나 정원사는 쟁기나 삽으로 경작할 수 있는 표토에 관심을 보이며, 저층의 토양은 식물이 자라는 데 필요한 물과 양분을 저장하는 장소로 인식한다.

물이 주도적 역할을 하는 영역을 '수권'이라고 하고, 대기와 기후의 변화가 일어나는 영역을 '기권'이라고 한다. 지각을 형성하고 있는 영역을 '암석권', 생명체가 살아가는 영역을 '생물권', 토양은 '토양권'이라고 부르기도 한다.

산사태와 진흙사태

토양이 갑자기 사라지거나 비정상적으로 이동하기 전까지는 한 자리에 있는 것을 당연하게 생각한다. 때로는 토양의 가장 위에 있는 층이 불안정해져서 갑자기 움직일 경우도 있다.

산사태는 암석, 토양 그리고 다른 잔해들이 경사를 따라 5초 동안 아래로 23m 이상 흘러내릴 때 발생하며 보통 어떤 원인이 경사진 곳의 안정을 깨뜨렸을 때 일어난다.

진흙사태는 산사태가 계곡을 따라 빠르게 흘러내릴 때 발생한다. 흘러내리는 속도는 보통 32km/h지만, 160km/h의 속도로 흘러내린 경우도 있었다. 진흙사태는 가파르게 경사진 곳에서 시작되지만, 대부분 화산 폭발이나 지진 같은 다른 자연재해가 원인이 되어 발생한다.

산사태와 진흙사태는 폭우, 홍수, 지진, 화산 폭발 같은 원인에 의해 발생한다. 숲을 제거한 지역에 많은 비가 내린 경우 산사태나 진흙사태가 나기 쉽다. 미국에서는 매년 25~50명이 산사태와 진흙사태로 목숨을 잃고 있다.

먼지폭풍

토양은 물에 의해서만 쓸려나가는 것이 아니라 바람에 의해서도 아주 많은 양이 이동한다. 이 경우 대양을 건너서 이동하기도 하고, 한 대륙에서 다른 대륙으로 이동하기도 한다. 먼지 입자는 매우 작아서 지름이 0.002mm 이하인 경우가 대분이어서 바람에 불려 올라간 먼지 입자는 며칠 동안 공기 중에 떠 있을 수 있어 3,050m 높이까지 먼지구름이 형성된다.

2001년 5월에 인공위성이 중국과 몽골의 고비 사막과 타클라마칸 사막에서 시작된, 길이가 2,000km나 되는 먼지구름의 사진을 찍었다. 태평양을 건너간 이 거대한 먼지구름은 알래스카에서 플로리다에 이르는 북아메리카 대륙의 많은 지역을 뒤덮었다. 이는 근래에 관측된 먼지구름 중에서 가장 큰 규모였다.

알래스카에서 대양으로 뻗어 있는 먼지폭풍(위성사진)

2003년 여름에 먼지폭풍이 3개월 동안 남부 아프가니스탄과 서부 파키스탄을 휩쓸었다. 마을은 먼지에 파묻혔고, 물길이 막혔으며, 작물이 파괴되었다. 이 먼지폭풍으로 많은 식물과 동물이 희생되었다.

사막이 바다의 적조를 불러온다

미국의 과학자들은 플로리다 해안에 나타나는 적조 현상과 사하라의 먼지폭풍 사이의 관계를 밝혀냈다. 건조한 사하라의 토양이 바람에 날려 올라가 서부 아프리카의 해안에서 출발하여 대서양을 건너게 된다. 5~7일 후에 이 토양은 멕시코 만에 쌓이게 된다. 이 먼지에는 철이 포함되어 있다. 플로리다 서부 해안의 바닷물에 철이 많이 포함되면 바닷물에 사는 식물성 플랑크톤이 더 많은 질소를 고정해 다른 바다 생물들이 이용할 수 있도록 한다. 그중의 하나가 독성이 강하며 적조 현상을 일으키는 붉은 조류로, 이 조류가 빠르게 번식하면 물고기의 떼죽음과 같은 큰 피해를 입게 된다. 하지만 조개류는 조류의 독을 흡입하고도 살아남는다. 조류의 독을 포함하고 있는 조개류를 먹은 사람은 병에 걸리거나 죽을 수도 있다.

고대 생명체의 증거

화석은 오래전에 살던 식물이나 동물이 퇴적물 속에 묻혀 긴 세월 동안 암석으로 변한 뒤 퇴적암 사이에 묻혀 있는 것이다. 대부분의 화석은 뼈, 껍질, 골격, 날개, 줄기와 같이 생물체의 단단한 부분이 암석화한 것이지만, 특별한 경우에는 해파리의 촉수와 같이 연한 부분이 화석에 포함되어 있기도 한다. 화석에는 동물의 활동 흔적을 나타내는 발자국, 둥지, 지나간 자취 등도 포함된다.

화석을 통한 연대 측정

18세기 말에서 19세기 초 사이에 영국의 지리학자이며 공학자였던 윌리엄 스미스William Smith, 프랑스의 지질학자인 조지 퀴비에Georges Cuvier와 알렉상드르 브롱니아르Alexandre Brongniart는 영국 해협의 양안에 있는 같은 시기의 암석이 같은 종류의 화석을 포함하고 있다는 것을 알아냈다. 이 발견으로 암석의 연대를 추정할 수 있는 간단한 시계를 갖게 되었다.

지금은 멸종된 양 크기의 반추 동물인 메리코이도돈 그라실리스(Merycoidodon Gracilis)의 머리뼈와 턱뼈의 화석. 이러한 오레오돈트(Oreodonts)는 에오세와 미오세에 걸쳐 북아메리카에 널리 분포되어 있었다.

지질학적 시대 구분

지구의 역사는 4개의 대代와 11개의 기紀로 구분되며, 이들은 다시 여러 개의 세世로 세분된다. 지질시대의 구분에 대해서는 지질학자들 사이에서 많은 논쟁이 있었다.

선캄브리아대는 때때로 명왕누대, 시생누대로 나누기도 하며, 현생누대와 은생누대로 나누는 두 누대 중 은생누대를 나타내기도 한다. 은생누대는 지구가 형성된 시기부터 5억 4,300만 년 전까지의 오랜 기간을 나타내고, 현생누대는 5억 4,300만 년 전부터 현재에 이르는 기간을 나타낸다.

화석의 보고

캘리포니아 주 로스앤젤레스의 라 브레아 타르 피트La Brea Tar Pits에서는 지각의 틈새로 석유가 흘러나와 휘발유처럼 끓는점이 낮은 기름이 증발하고 끓는점이 높은 아스팔트와 타르로 된 연못을 만들었다. 사람들은 타르 속에 뼈들이 포함된 것을 발견하고 이 연못에 빠져 죽은 소의 뼈라고 생각했지만 1901년 이 연못을 조사한 과학자들은 이 뼈들이 화석이라는 것을 밝혀냈다. 그들은 이곳에서 매머드, 마스토돈Mastodons, 검치호, 낙타, 말, 늑대, 여우, 독수리, 콘도르의 골격 화석을 찾아냈다. 또한 연체동물과 곤충의 화석도 발견했다. 이 모든 화석은 8,000~4만 년 정도 된 것이었다.

세계에서 가장 오래된 상어 화석: 2003년 10월 1일 캐나다 뉴브런즈윅[New Brunswick]에서 4억 900만 년 전 상어 화석이 발견되었다. 가위 모양의 이빨을 가지고 있었으며, 호수에 사는 송어 정도의 크기였다.

곤충 화석: 이 화석은 정체가 밝혀질 때까지 60년 동안 런던의 자연사 박물관에 보관되어 있었다. 튀어 오르는 이 생물은 날개를 가지고 있었던 것으로 추정된다. 이는 날아다니는 곤충이 처음 나타났을 것으로 추정했던 것보다 8,000만 년이나 더 이른 시기인 4억 년 전에 이미 곤충이 나타났다는 것을 의미한다.

토끼 화석: 공룡이 사라지고 오래되지 않은 약 6,500만 년 전에 토끼가 나타난 것으로 보인다. 가장 오래된 토끼의 화석은 2005년 2월 몽골에서 발견된 5,600만 년 전의 것이다.

파충류 둥지: 이것은 애리조나의 페트리파이드 포레스트[Petrified Forest]에서 발견되었다. 악어의 일종인 피토사우루스[Phytosaurs]나 초기 거북과 같이 굴에서 살던 고대 파충류가 만든 이 둥지는 약 2,200만 년 전의 것이다.

꽃 피는 식물 화석: 이 화석은 1998년 중국 북서지역에 있는 베

멸종	대	기	세	
	선캄브리아대			
	고생대	캄브리아기		
		오르도비스기		
오르도비스기-실루리아기 대멸종- 60%의 해양 생물이 사라짐		실루리아기		
		데본기		
데본기 말 대멸종- 57%의 해양 생물이 사라짐		석탄기		
		페름기		
페름기-트라이아스기 대멸종- 95%의 생명체가 사라짐	중생대	트라이아스기		
트라이아스기 말 대멸종- 57%의 생명체가 사라짐		쥐라기		
		백악기		
백악기 3기 대멸종-공룡을 포함한 대형 파충류와 암모나이트 멸종	신생대	제3기	팔레오세	
			에오세	
			올리고세	
			마이오세	
			플리오세	
		제4기	플라이스토세	
			홀로세	

연대(백만 년)	생명체	지각 활동
4,570~542	초기 생명체	바다에는 균류, 조류, 해파리가 살았지만 육지에는 생명체가 없었음
542~488.3	캄브리아기 폭발-지구상에 갑자기 생명체가 나타남. 눈이 발달하고 몸이 대칭 구조를 하게 됨	시기 구분에 사용될 수 있는 단단한 부분의 화석이 발견됨
488.3~443.7	삼엽충과 함께 최초의 척추동물이 이 나타남	화산 활동과 조산 활동이 활발해짐. 기후가 온화해짐
443.7~416	턱뼈를 가진 물고기와 곤충이 나타남	식물과 곤충이 육지에 나타남
416~359.2	물고기의 시대	염수가 육지의 많은 부분을 덮음. 최초의 양서류가 나타남
359.2~299	상어와 양서류의 시대	이끼류가 번성함. 화산 활동이 활발해짐. 빙하가 사라짐
299~251	페름기 말에 대부분 생명체가 사라짐	혹독한 빙하기. 삼엽충이 멸종되고, 파충류와 소나무가 육지에 나타남
251~199.6	파충류와 함께 공룡이 나타남	해수면의 상승. 육지 생물이 급속히 번성함. 연체동물과 극피동물이 번성함
199.6~145.5	공룡의 시대	조산작용. 산호, 암모나이트 번성, 공룡이 최대 크기가 됨
145.5~65.95	현대 물고기들이 나타남	공룡이 지배함. 포유류 등장, 꽃 피는 식물이 번성함. 백악기 말에 바다가 육지를 침식함
65.95~55.8	새와 포유류가 번성함	내륙 안에 있는 얕은 바다에서 물이 빠짐
55.8~33.9	유제동물이 나타남	지구의 온난화, 열대 식물이 번성함
33.9~23.03	포유류의 시대. 코끼리와 말이 나타남	온도가 내려가고 바다가 물러감
23.03~5.33	초식 포유류와 육식 포유류가 번성함	온도와 해수면의 높이가 계속 낮아짐, 대형 갈조 숲
5.33~2.59	유인원이 나타났다가 퇴조	온도와 해수면이 계속 낮아짐(빙하기)
259만~1만 1,430년	원인이 나타남	빙하기
1만 1,430년~현재	인류의 출현	현재의 기후

이피아오北朴에서 발견되었다. 꽃잎은 없었지만 씨를 퍼뜨리는 잎 모양의 꼬투리를 가지고 있었던 이 화석은 1억 4,800만 년 전의 것으로 추정된다.

3

생명

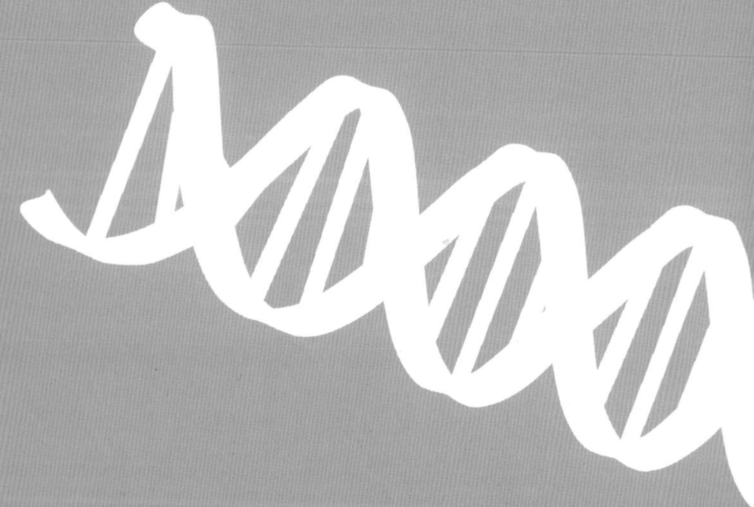

생명체의 구성 물질

생명체를 구성하는 물질은 어느 곳에나 있다. 다환 방향성 질소 고리[PANHs]라는 이름으로 불리는 질소를 포함하는 유기물은 DNA를 비롯한 생명체를 구성하는 물질을 만드는 데 필수적인 화합물이다. 2005년에 발표된 연구 결과에 의하면 이 화합물은

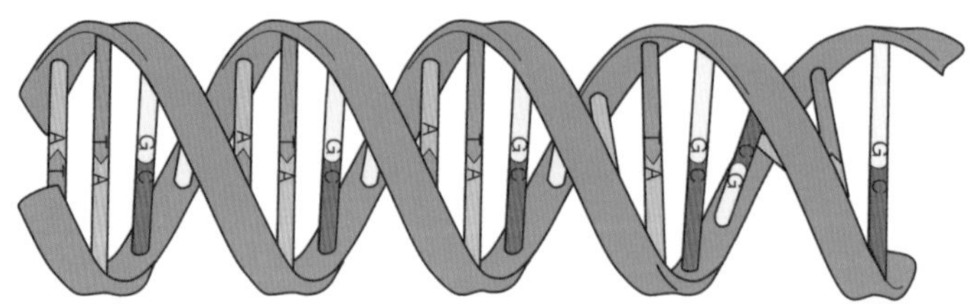

당과 인으로 이뤄진 2개의 긴 사슬로 구성된 DNA 분자

우주의 어느 곳에나 존재한다. 다환 방향성 질소 고리의 한 예는 클로로필로, 식물이 물과 이산화탄소를 탄수화물로 바꾸는 광합성에 필요한 화합물이다.

지구 생명의 기원

지구는 약 46억 년 전에 형성되었다. 지구가 생겨나고 나서 2억 년 후에 단단한 육지와 바다가 만들어졌다. 가장 오래된 암석은 40억 년 되었고, 가장 오래된 화석은 35억 년 전에 만들어진 것이다. 이것은 약 4억 년 동안의 지질학적 기록이 사라졌다는 것을 의미한다. 이 기간에 지구상에는 최초의 생명체가 나타났을 가능성이 있다. 44억 년 동안 단단한 육지와 바다를 가지고 있었던 지구는 생명체가 살아갈 수 있는 장소였다. 38억 년 전에 형성된 암석에서 탄소의 동위원소가 발견되기도 했다. 이는 탄소 고정과 광합성이 이때 이미 이뤄졌다는 것을 의미한다. 또한 발견된 화석의 기록보다 훨씬 빠른 시기에 지구상에 생명이 나타났을 가능성이 있다는 것을 뜻한다.

원시 수프

생명의 기원을 설명하는 많은 이론이 있다. 그중의 한 이론은 생명체를 이루는 구성성분이 원시 바다에서 형성되었다고 주장한다. 1953년에 행해진 실험에서 스탠리 밀러Stanley Miller와 해럴드 우레이Harold Urey는 원시 지구에 존재했을 것이라고 믿어지는 모든 기체를 용기 속에 넣고 전기 스파크를 일으켰다. 그 결과 용기의 바닥에서 아미노산(단백질의 구성 물질) 같은 복잡한 유기 분자들을 발견할 수 있었다. 그러나 밀러와 우레이는 스스로 복제할 수 있는 기초적인 생명체를 만들어내는 데는 실패했다.

또 다른 이론은 생명이 지각의 틈 사이로 뜨거운 물과 광물질이 배출되는 해저에서 시작되었다고 주장한다. 이것을 '열수 분출공'이라고 부른다.

최초의 생명체

지금까지 알려진 가장 오래된 화석은 서부 오스트레일리아에 있는 시생대 암석Archaean rocks에서 발견된 35억 년 전의 것으로 추정되는 시안 박테리아의 화석이다. 이 중 일부는 자라나는 박테리아에 탄화칼슘이 침착해서 만들어진 녹조류 화석을 포함하는 층상 석회석인 '스트로마톨라이트Stromatolites'를 형성하고 있다. 한 층 위에 다른 층이 만들어졌기 때문에 원주 모양의 방해석 둔덕이 생겨났다. 이러한 과정은 오늘날에도 스트로마톨라이트가 해변을 따라 형성되는 서부 오스트레일리아에서 관찰할 수 있다.

실패한 실험

최초의 다세포 동물은 6억 5,000만 년 전에 나타났다. 오스트레일리아 아델라이드 북쪽에 있는 에디카라 힐Edicara Hills에서 발견된 이 동물은 발견된 장소의 이름을 따서 '에디카라 동물군'이라고 부른다. 여기에는 연체동물, 산호, 지렁이류, 극피동물류, 삼엽충 계열의 동물들이 포함되어 있다. 에디카라 화석은 1946년에 처음 발견된 이래 캐나다, 나미비아 등지에서도 발견되었다. 많은 암석에서 이러한 동물들이 발견되었지만, 이들이 캄브리아기를 거치는 동안 살아남은 것 같지는 않다. 이들은 멸종되었기 때문에 자연의 첫 번째 실험은 실패로 끝났다고 할 수 있다.

생명체의 폭발적인 증가

오늘날 살아 있는 모든 동물(일부 벌레와 해면동물 그리고 오르도비스기에 나타난 이끼류를 제외하고)은 4,000만 년 정도의 아주 짧은 기간에 나타났다. 캄브리아기에 대부분 동물이 나타났기 때문에 이것을 '캄브리아 생명 폭발'이라고 부른다. 이 기간에 진화가 집중적으로 일어났다.

버제스 혈암 Burgess Shale

캄브리아기의 많은 동물 화석은 캐나다의 브리티시컬럼비아 주에 있는 로키 산맥의 버제스 혈암에서 발견되었다. 이 화석들은 5억 4,000만 전에 형성된 것으로, 지렁이, 갯나리, 완족류, 해삼이 포함되어 있는데 가장 많이 발견된 것은 절지동물의 화석이다.

버제스 혈암에서 발견된 동물들

종류	길이(cm)	특징
와이왁시아 Wywaxia	2.5	기어 다님. 비늘과 가시가 있음. 심해어
할루시제니아 Hallucigenia	2.5	가시 있음. 정형화되지 않은 벌레 형태의 동물
아이쉐아이아 Aysheaia	6	나비 유충 모양의 동물. 지네와 유사함
마렐라 Marella	2	연한 몸체. 삼엽충 형태의 심해어
올렌노이데스 Olenoides	6.8	삼엽충(여러 종 중의 하나)
투조이아 Tuzoia	2.5	갑각류. 오늘날의 브라인슈림프와 유사함
피카이아 Pikaia	4	오래된 갑각류. 인간으로 진화해 온 동물의 원형
아노말로카리스 Anomalocaris	50	가장 큰 연체동물. 자유롭게 바다를 헤엄치던 포식자. 둥근 턱과 턱뼈를 가지고 있음. 한때는 해파리의 일종으로 생각했음

눈의 진화

생명체의 폭발적 증가를 나타낸 캄브리아기에는 이전의 그 어떤 시기보다도 많은 태양 빛이 지구 표면에 도달한 것으로 보인다. 이것은 눈이 나타나는 계기를 제공했다. 눈의 등장으로 좌우대칭, 앞과 뒤의 개념이 생겨났고, 동물들은 다른 동물들을 쫓아다닐 수 있게 되었다. 이제 동물들은 '눈'이라는 강력한 무기를 가지고 본격적인 진화를 위한 경쟁을 시작하게 되었다. 이른바 먹이와 포식자의 오래달리기가 시작된 것이다.

최초의 육상 식물

최초로 육지에 식물이 등장한 흔적은 오만에서 발견된 우산이끼와 관련이 있는 식물의 포자다. 이 포자는 4억 7,500만 년 전의 것으로 추정된다. 이 시기의 대부분 육지에는 주기적으로 홍수가 발생하는 강어귀에 나타난 일부 조류의 흔적을 제외하면 아무것도 없었다. 현재까지 포자만 발견되고 있는 이 식물은 매우 작았고, 이 식물 또는 이 식물과 유사한 식물들은 뿌리를 가지고 있지 않았다. 이 식물들은 양분과 물을 흡수하는 데 균류의 도움을 받았을 것으로 보인다.

알레토프테리스 론치타이디스(Alethopteris Lonchitidis)의 화석. 씨를 맺는 이 식물은 석탄기와 페름기에 유럽과 북아메리카 지역에 널리 분포했다.

확인 가능한 식물

확인 가능한 가장 오래된 식물의 화석은 아일랜드에서 발견되었는데, 실루리아기 중엽에 형성된 암석에 포함된 4억 2,500만 년 전의 화석이다. 이 식물에는 오스트레일리아의 식물 화석 수집가인 이소벨 쿡Isobel Cook의 이름을 따서 쿡소니아Cooksonia라는 이름이 붙여졌다. 잎이나 꽃, 씨앗이 없었고, 2~3cm 길이의 두 갈래로 갈라진 줄기 끝에 둥근 모양의 포자가 달려 있었던 이 식물은 수백만 년 동안 따뜻하고 습기가 많은 곳에서 자생했다.

지금까지 발견된 육지 화석 중에서 가장 오래된 것은 4억 7,500만 년 전의 것이지만, 균류는 13억 년 전에 나타난 것으로 추정되고 있다. 이들 균류가 지구 대기의 산소 농도를 높이고 이산화탄소 농도를 낮추어 동물이 진화할 수 있는 환경을 만들었다.

식물의 가시

4억 800만 년 전에 시작된 데본기 초기에는 고생 식물인 소도니아 오네이트Sawdonia ornate가 자라고 있었다. 이 식물은 잎이 없는 대신 가시를 가지고 있었다. 양서류가 육지에 나타난 것은 데본기 중엽이기 때문에 가시는 자신을 방어하는 용도로 사용된 것이 아니라, 식물이 기체를 교환하는 면적을 넓히는 역할, 즉 잎이 하는 역할을 대신했다.

라이니 처트Rhynie chert

애버딘 부근에서 발견된 라이니 처트는 스코틀랜드가 오늘날의 옐로스톤과 같이 화산과 간헐천을 많이 가지고 있던 시기에 형성되었다. 이 화석은 각암 속에 아주 잘 보존되어 있어서 고생물학자들은 식물의 세포 구조까지 볼 수 있다. 라이니 처트에는 많은 초기 육지 식물들이 보존되어 있다. 현대 식물로 진화한 원시 식물에 가장 가까운 식물은 4억 년 전인 초기 데본기에 분포했던 라이니아Rhynia다. 암석에서 균사의 화석도 발견되었는데, 이는 식물의 잔해가 세균의 활동을 통해 분해되었음을 나타낸다. 라이니 처트에서는 초기 육지 동물인 원시 진드기와 원시 벼룩도 발견되었다.

초기 육지 동물

육지 동물의 화석 중에서 가장 오래된 것은 아마추어 수집가인 코위 하버Cowie Harbor가 스코틀랜드의 스톤해븐 부근에서 발견한 화석이다. 이 화석은 크기가 1cm 정도인 노래기의 화석으로 뉴모데스무스 뉴마니Pneumodesmus newmani라고 불리며, 4억 2,800만 년 전에 침니가 퇴적되어 만들어진 퇴적암 속에서 형성된 것이다.

최초의 육지 척추동물

최초로 육지에 살았던 척추동물은 데본기 말기에 물에서 육지로 올라왔다. 이들은 네 발로 걷는 4지 동물로 물고기와 양서류의 중간 형태였다. 가장 오래된 화석 중의 하나는 라트비아와 에스토니아에서 발견된 3억 7,000만 년 전의 턱뼈 화석이다. 살아있는 동물 중에서 이와 가장 유사한 것은 세올로칸트Ceolocanths다.

걷는 것이 아니라 꿈틀거렸다

가장 오래된 4지 동물은 그린란드에서 발견된 길이가 약 1m 정도인 이치요스테가Ichthyostega였다. 그런데 그들의 걸음걸이는 예상과 달리 도마뱀처럼 걸은 것이 아니라 나비의 유충처럼 움직였다. 척추를 연구한 결과 옆으로 움직이는 것이 가능하지 않았고 아래위로만 움직일 수 있었다. 이것은 자연의 실패한 실험의 하나로 생각된다. 현대의 육상 척추동물은 척추를 옆으로 움직일 수 있는 동물에서 진화되었다.

단속 평형설

진화는 대규모 멸종 이후 활발한 활동에 의해 빠른 속도로 이뤄지지만 오랜 기간 동안 안정된 시기를 거친다. 진화가 정지되는 조용하고 안정된 시기의 동물은 몸집이 커지는 경향이 있다.

트라이아스기에 살았던 모사사우루스(Mosasaur)의 화석

바다의 거대 동물

과거에 매우 큰 바다 생물이 나타났다. 그들은 바다의 최상위 포식자로, 아무도 그들을 간섭하거나 그들과 경쟁하여 살아남을 수 없었다.

절지동물: 일부 바다전갈은 길이가 3m나 되어 지금까지 살았던 절지동물 중에서 몸집이 가장 컸다. 소금기 있는 얕은 물속에 살았지만 짧은 기간 동안은 육지에서 걸어 다니기도 했던 이들은 오르도비스기에 나타났다가 페름기에 사라졌다.

두족류: 현대의 앵무조개와 비슷하지만 나사 모양의 껍질이 아

니라 곧은 껍질을 가진 오르도콘Orthocones은 아주 크게 자랐다. 엔도세라스Endoceras는 3.5m 정도까지 자랐지만, 카메로세라스Cameroceras는 11m까지 자라기도 했다. 이 조개들은 4억 7,000만 년 전인 오르도비스기에 살았다.

물고기: 약 1억 5,500만 년 전인 쥐라기에 리드시크티스 프로블레마티쿠스Leedsichthys problematicus가 전 세계 바다를 누비고 다녔다. 영국 피터버러에서 발견된 화석의 길이는 22m나 되었다. 이는 지금까지 발견된 물고기 중에서 가장 큰 것으로, 현재 가장 큰 물고기인 고래상어의 2배나 된다. 이 물고기는 수염고래나 돌묵상어처럼 물을 걸러 영양을 섭취했다.

상어: 가장 큰 상어는 카차리아스 메갈로돈Carcharias megalodon이다. 현대의 흰상어와 비슷하며 약 1,000만 년 전인 미오세에 전성기를 이루었다. 가장 큰 것의 길이는 15.9m나 되었으며, 삼각형 톱니 모양의 이빨 크기는 15cm, 이런 이빨들이 박혀 있는 턱뼈의 길이는 2m나 되었다. 이 상어는 고래와 돌고래를 잡아 먹었다.

육지의 거대 동물

육지에 사는 동물은 물의 도움 없이 지구의 중력을 지탱해야 하기 때문에 거대한 크기로 자라는 데 한계가 있다.

곤충: 날개 길이가 76cm나 되는 원시 잠자리인 메가네우롭시스 퍼미아나Meganeuropsis permiana가 가장 큰 곤충이다. 스스로 체온을 조절할 수 있었던 이 곤충은 날아다니는 최초의 온혈동물로, 석탄기와 페름기의 최상위 포식자였다.

공룡: 가장 큰 공룡은 아르헨티나에서 발견된 것으로 1억 500만 년 전에 살았던 길이가 50m나 되는 사우로포드Sauropod(목이 긴 브론토사우루스 형태의 공룡)와 콜로라도에서 발견된 길이가 45m나 되는 슈퍼사우루스Supersaurus다. 두 공룡은 공룡의 시대인 쥐라기와 백악기에 살았다.

익룡: 날개의 길이가 12m인 케찰코아틀루스 노트로피Quetzalcoatlus northropi는 하늘을 난 동물 중에서 가장 큰 동물로, 백악기 하늘을 날았다.

새: 지금까지 살았던 새 중에서 가장 큰 새는 날지 못했던 에뮤와 비슷한 새로, 1,000만 년 전에 오스트레일리아 중부에 살았던 드로모니스 스티어토니Dromornis stirtoni였다. 이 새의 무게는 500kg이나 되었다. 하늘을 날 수 있었던 새 중에서 가장 큰 새는 거대한 테라톤Teraton인 아르헨타비스 매그니피션Argentavis magnificens이다. 미오세에 지금의 아르헨티나 지역에 살았던 이 새는 길이가 7.6m나 되는 날개를 가지고 있었다.

육상 포유동물: 가장 큰 육상 포유동물은 3,500만 년 전 유럽과 아시아에 살았던 목이 긴 코뿔소 발루키테리움Baluchitherium이었

다. 이 코뿔소의 어깨까지의 높이는 5.4m였고, 머리까지의 높이는 7m였으며, 몸길이는 11.3m였다. 몸무게는 30t 이상이었을 것으로 추정된다.

현재 살고 있는 가장 큰 동물은 흰긴수염고래다. 지금까지 발견된 가장 큰 것은 1900년대 사우스조지아 해안에서 잡힌 길이가 33.5m인 암컷 흰긴수염고래다.

대규모 멸종

지구 생명체의 역사에는 갑작스러운 대멸종 사건이 여러 번 있었다. 그중에는 지구에 살던 모든 생명이 멸종된 일도 있었다. 이러한 대멸종 사건은 2,600만 년마다 있었던 것으로 추측되며, 캄브리아기 이후 23회의 대멸종 사건이 있었다는 주장이 제기되기도 했다. 이 중에 여섯 번은 가장 심각한 멸종 사건이었다.

캄브리아기 후반: 해수면의 높이 변화가 바다 생태계에 심각한

영향을 주어 브라키오포드Brachiopods와 코노돈트Conodonts, 삼엽충 등이 심각한 타격을 입어 다시는 이전의 상태를 회복하지 못했다.

오르도비스기 후반: 지구 역사에서 오르도비스기는 가장 안정된 시기였지만, 오르도비스기 말인 4억 4,000만 년 전에 대부분 동물 종의 절반 정도가 멸종되었다. 이 시기의 멸종 원인은 물이 얼어 해수면의 높이가 낮아진 빙하기 때문으로 추정된다. 얼음이 얼 때와 100년 후 얼음이 녹을 때 많은 종이 멸종되었다. 극피동물Echinoderms, 노틸로이드Nautiloids, 삼엽충이 심각한 피해를 입었다.

데본기 후반: 3억 6,500만 년 전, 300만 년 동안 지구상에 있던 생명체의 70%가 사라졌다. 바다에 사는 생물들이 민물에 사는 생물보다 더 심각한 피해를 입었다. 브라키오포드와 암모나이트가 대규모로 사라졌고, 갑주어류도 많은 피해를 입었다. 따뜻하고 얕은 물속에 살던 생물이 더 심각한 피해를 본 것으로 보아 기후의 변화가 원인일 것으로 추정하고 있다. 지구 전체의 온도가 낮아지면서 얕은 물의 산소 농도를 더 빨리 떨어뜨렸을 것이다.

페름기 말: 이 시기에 지구 역사상 가장 심각한 대멸종 사건이 일어났다. 1억 년 동안의 안정기 이후에 어떤 사건이 바다 생물의 96%를 멸종시켰다. 삼엽충과 척추동물의 4분의 3이 멸

종되었다. 원인은 알려지지 않고 있다. 거대한 운석의 충돌설, 시베리아 지역에서의 대형 화산 폭발설, 거대한 운석의 충돌이 화산 폭발을 일으켰다는 설 등 여러 가지 이론이 제기되었다.

트라이아스기 후반: 화산 폭발과 용암이 분출되면서 아메리카 대륙과 유럽, 아프리카 대륙이 갈라지고 대서양이 형성되기 시작하였으며 지구 전체의 온도가 올라간 것이 많은 바다 생명체를 사라지게 한 것으로 추정되고 있다.

백악기 말: 약 6,500만 년 전에 공룡이 사라지는 대멸종 사건이 있었다. 이때 공룡만 피해를 본 것이 아니라 바다 생명체의 약 95%도 갑자기 사라졌다. 인도의 데칸 고원을 형성한 거대한 용암류와 이로 인한 기후 변화가 원인으로 지적되고 있다. 유카탄 반도에 거대한 운석이 충돌한 것이 원인이라는 주장도 제기되었다.

사라지는 종들

1993년에 하버드 대학의 생물학자 E. O. 윌슨은 현재 지구상에는 매년 약 3만 종이 사라지고 있다고 추정했다. 오염, 서식지 파괴, 자연 자원의 지나친 개발(특히 사냥과 어획) 그리고 외래 생물 종의 도입 등으로 다음 100년 동안에 지구 전체 생물 종의 약 50%가 멸종될 것으로 보인다.

하늘로 올라가자

지구상에 나타난 동물은 육지를 정복했을 뿐만 아니라 하늘로도 올라갔다. 네 번의 도약을 통해 지구의 생명체들은 하늘을 정복했다.

첫 번째 비행

곤충이 하늘을 향해 날아오른 것은 약 3억 3,000만 년 전인 석탄기였다. 처음에 어떻게 하늘을 날기 시작했는지에 대한 힌트를 주는 현대 곤충은 진강도래다. 강이나 연못에서 삶을 시작하는 진강도래의 애벌레는 초보적인 날개로 물 위를 매우 빠른 속도로 스치듯 지나갈 수 있다.

가장 큰 그림자

하늘을 나는 파충류는 2억 5,000만 년 전에 두 다리로 달리던 아르코사우루스Archosaurs에서 진화했다. 이들은 최초로 하늘을 난 척추동물이었다. 긴 네 번째 손가락으로 날개의 한끝을 펼 수 있었고, 특수한 손목뼈(프테로이드)를 이용하여 비행기와 마찬가지로 날개를 앞과 위로 움직여 날아오를 때와 착륙 시에 양력을 조절할 수 있었다. 나무에 올라갈 수 없었던 프테로사우루스Pterosaurs는 땅에서 이륙했던 것으로 보인다. 이들은 1억 4,000만 년 동안 하늘을 지배했다.

새: 땅에서는 날아오르고 나무에서는 내려오다

몇몇 증거에 의하면 새는 1억 5,000만 년 전에 두 다리를 가지고 있던 작은 공룡에서 진화했다. 이들은 보온을 위한 깃털 그리고 팔과 손의 길이를 늘여 날개를 가지게 되었다.

그들이 어떻게 하늘을 날게 되었는지에 대해서는 더 많은 연구가 필요하다. 일부 과학자는 이들이 날갯짓으로 하늘을 날기 전에 나무에 올라간 다음 활강해 내렸을 것이라고 주장하고 있다. 또 다른 과학자들은 이들이 땅을 달리다가 날갯짓을 하여 날아오르게 되었다고 주장하고 있다. 중국에서 발견된 화석들은 이 문제를 해결할 단서를 제공하고 있다.

마이크로랩터Microraptor라고 불리는 이 공룡은 육식을 하는 공룡과 초기 새의 하나인 아케오프테릭스Archaeopteryx의 연결고리라고 생각된다. 이 공룡은 발톱이 있는 발을 가지고 있어 포식자에게 쫓길 때 나무에 올라갈 수 있었을 것이다. 이것은 새가 나무 위에서 활강해 내려오면서 하늘을 나는 기술을 익혔을 것이라는 이론을 지지해준다.

박쥐

최초로 박쥐가 하늘을 난 것은 5,000~6,000만 년 전이라고 생각된다. 이들이 하늘을 나는 기술을 익히는 데 걸린 시간은 새들이 나는 기술을 익히는 데 걸린 시간의 절반밖에 안 된다. 박쥐의 비행은 자연스럽게 하늘을 나는 기술을 습득한 네 번째 사건이었다. 박쥐는 나무 위에서 활강해 내려오던 열대 지방의 작은 포유류에서 진화한 것으로 보인다. 그러나 곤충을 먹고 사는 박쥐와 식물의 열매를 먹고 사는 박쥐가 같은 조상에서 진화했는지 아니면 독자적으로 다른 경로를 거쳐 하늘을 나는 기술을 습득했는지는 명확하지 않다.

독일 다름슈타트 유전에서 발견된, 에오세에 살았던 박쥐 화석

활강파와 낙하산파

현재 하늘을 나는 동물은 새, 박쥐, 곤충만이 아니다. 개구리, 뱀, 도마뱀, 다람쥐, 유대류도 나무 위에서 활강해 내려온다.

개구리: 여러 종의 개구리는 독립적으로 발달시킨 커다란 손과 발 그리고 피부를 낙하산처럼 이용하여 나무 위에서 활강해 내려올 수 있다.

날아다니는 나무뱀: 이 뱀은 몸을 움츠려 단면적을 U 자 형태로 만든 다음 이것을 낙하산처럼 이용하여 나무에서 뛰어내린다.

하늘도마뱀: 피부를 배의 양옆으로 넓게 편 다음 나무 사이를 활강한다.

하늘다람쥐: 몸의 앞발과 뒷발 사이까지 넓게 펼 수 있는 피부를 가지고 있다. 하늘다람쥐는 꼬리로 방향을 조절하면서 46m까지 날아갈 수 있다.

유대하늘다람쥐: 오스트레일리아에 서식하는 유대류로, 피부를 몸 양쪽의 다섯 번째 손가락에서부터 첫 번째 발가락까지 길게 펼 수 있어 이것을 이용하여 활강한다. 유대하늘다람쥐는 50m까지 날 수 있다.

바다로 돌아가다

수백만 년 전에 초기 네발 동물이 바다에서 기어 나와 육지로 올라온 것과는 달리 최근에는 파충류, 새 또는 포유류 중의 일부가 다시 바다로 돌아갔다.

거북

2억 년 전에 파충류는 그들의 조상인 양서류와 인연을 끊었다. 최초로 그렇게 한 동물은 가장 특별한 종류로, 지구상에 가장 오래 존재하고 있는 거북이다. 많은 파충류의 후손들이 백악기 말의 대멸종 기간에 멸종해버렸지만 거북은 살아남았다. 거북은 아마도 식물을 먹고 살던 고생대의 아나프사이드Anapsids의 일종인 파레이아사우루스Pareiasaurs에서 진화한 것으로 보인다.

살아 있는 가장 큰 거북이면서 가장 원시적인 거북인 장수거북은 길이가 2m 정도이고, 1,200m까지 잠수할 수 있으며, 아주 먼 거리까지 여행한다.

물속에서 날아다니다

펭귄은 날개와 깃털을 가지고 있지만 날 수 없는 새다. 또한 물고기가 아님에도 주기적으로 527m까지 잠수하는 가장 큰 동물(황제펭귄)이다. 날개와 물의 절묘한 조합으로 펭귄은 물속에서 날아다닐 수 있다.

펭귄은 약 7,000만 년 전에 바다제비와 앨버트로스에서 진화했다. 따라서 원시 펭귄은 휘어진 날개와 헤엄을 칠 수 있는 능력을 갖춘 바다제비를 닮았을 것이다. 그러나 먹이를 잡을 때 72m까지만 잠수할 수 있는 바다제비는 바닷속에서는 펭귄의 상대가 되지 못한다.

고래와 돌고래

지금까지 알려진 가장 오래된 고래는 약 5,200만 년 전인 초기 에오세에 나타났다. 이들은 강이나 해변에서 살던 늑대 크기의 물소의 친척으로, 1,000만 년 전에 먹이를 찾기 위해 물로 뛰어들었다. 그리고 고래의 팔과 다리는 바다에서 살 수 있도록 적응하였다.

초기의 거대한 고래는 3,800만 년 전에 살았던 바실로사우루스Basilosaurs였다(처음에는 이름 때문에 파충류로 오인되었다). 이 고래의 길이는 18m 정도였으며, 2개의 작은 뒷다리를 가지고 있었다.

현존하는 고래

명칭	길이(m)	특징
흰긴수염고래	27~30	현존하는 가장 큰 동물
긴수염고래	26.8	몸집이 가늘고 빠르다
보리고래	13.7~16.8	짧은 거리에서 가장 빠르다
브라이드고래	12~15.2	아래쪽에 긴 목구멍
밍크고래	8.2~10.2	가장 작은 수염고래
혹등고래	13.7~15.2	다양한 소리를 낸다
수염고래	10.7~16.8	커다란 머리를 가지고 있다
작은참고래	6.5	남반구 바다에 서식한다
북극고래	20	북극에 서식한다
쇠고래	14	가장 먼 거리를 이동한다
향유고래	15~18	깊은 바다에서 대왕오징어를 잡아먹는다
꼬마향유고래	3	따뜻한 바다에 서식한다
작은향유고래	2.5	따뜻한 대륙붕에 서식한다

살아 있는 거대한 동물

세계에서 가장 긴 물고기: '청어의 왕' 또는 '오어피시'라고 불리는 이 물고기는 길이가 8m나 된다. 가장 큰 물고기는 개복치로 길이가 3.1m나 되고, 등지느러미 끝에서 꼬리지느러미 끝까지의 길이가 4.3m나 된다.

세계에서 가장 큰 상어: 고래상어는 15m까지 자라며, 적도 바다에서 플랑크톤이나 작은 물고기를 잡아먹고 산다.

세계에서 가장 긴 무척추동물: 대왕오징어의 촉수 끝에서 꼬리 끝까지의 길이는 18m나 된다.

공룡과 영장류 사이의 공백기

길이가 35cm, 몸무게가 100g밖에 안 되는 긴 꼬리가 달린 다람쥐처럼 생긴 작은 동물이 6,500만 년 전 공룡의 멸종에서 최초의 영장류가 나타날 때까지의 1,000만 년의 공백을 메워주고 있다. 카폴레스테스Carpolestes라고 불리는 이 동물은 영장류의 조상이라고 여겨지는 작은 포유류인 플레시아다피폼Pleisiadapiforms 중에서 늦게 나타난 종이다. 이들은 팔레오세를 거치는 동안에 과일, 씨앗, 꽃 등의 먹이를 얻기 위해 나무 위에서 생활하는 방법을 터득했다. 이를 통해 숲의 바닥에서 생활하면서 빠르게 진화하는 로덴트Rodents와의 경쟁을 피할 수 있었다.

인류 또는 인류의 조상이 최초로 불을 사용한 증거는 79만 년 전의 것이다. 이것은 2004년 이스라엘의 게셰르 베노트 야코브Gesher Benot Ya'aqov에서 발견되었다.

초기의 영장류

가장 오래된 영장류의 화석은 북아메리카, 유럽, 아시아에서 발견되는 4,000~3,500만 전 사이에 살았던 것으로 추정되는 동물의 화석이다. 턱뼈와 이빨을 가지고 있었으며 몸무게가 400g 정도인 다람쥐 크기의 이 포유류 화석은 미얀마에서 발견되었다. 4,000만 년 전에 살았던 것으로 추정되는 이 영장류는 아프리카에 기원을 두지 않고 원숭이, 유인원, 인류로 진화했다는 것을 나타내며, 고등 영장류와 여우원숭이 같은 하등 영장류를 해부학적으로 연결해주고 있다.

중국에서 발견된 '에오시미아스'라고 불리는 4,500만 년 전의 뼈 화석은 몸무게가 10g밖에 안 되고 크기가 엄지손가락 정도였던 원시 영장류의 뼈이다. 인류의 초기 조상은 아주 작았다. 현존하는 가장 작은 영장류는 마다가스카르에 서식하고 있는 몸무게가 28g인 쥐여우원숭이다.

인류의 조상인 키가 1m밖에 안 되는 호모 플로리엔시스[Homo floriensis]가 1만 3,000년 전까지만 해도 인도네시아의 플로레스 섬에 살고 있었다. 과학자들은 그들에게 '호빗[Hobbits]'이라는 별명을 붙여 주었다.

원숭이

원숭이는 3,500만 년 전인 에오세에 여우원숭이나 갈라고원숭이 같은 원인류에서 진화했다. 초기 원숭이들의 화석은 많이 발견되었는데, 이 중에는 살진 다람쥐 크기인 아피디움Apidium도 포함되어 있다. 그들은 앞쪽으로 향한 눈을 가지고 있었고, 자신들의 조상보다 큰 뇌를 가지고 있었으며, 과일과 씨앗을 먹은 주행성 동물이었다.

유인원

미오세에 처음으로 유인원이 나타났다. 원숭이에서 유인원으로 전환한 최초의 유인원은 2,000만 년 전 아프리카 열대우림에 살았던 프로콘술Proconsul이었다.

관여우원숭이: 관여우원숭이 모자, 마다가스카르

현존하는 유인원

유인원	지역
검은손긴팔원숭이	말레이 반도, 수마트라, 보르네오 남서부(인도네시아, 말레이시아, 태국)
검정긴팔원숭이	하이난, 라오스, 중국 남부, 베트남
훌록긴팔원숭이	아샘, 방글라데시, 중국, 미얀마
클로스긴팔원숭이	멘타와이 섬, 수마트라 서부지역
흰손긴팔원숭이	태국, 말레이 반도, 수마트라 북부, 미얀마, 중국, 인도네시아, 말레이시아
은색긴팔원숭이	자바 서부지역
보넷긴팔원숭이	태국 남동부, 캄푸체아(캄보디아, 태국, 베트남)
오랑우탄	수마트라 북부, 보르네오 저지(브루나이, 인도네시아, 말레이시아)
큰긴팔원숭이	말레이 반도, 수마트라
크로스강고릴라	나이지리아 남동부, 카메룬 서부
동부로랜드고릴라	콩고(콩고 동부의 열대우림에서만 서식)
마운틴고릴라	르완다, 콩고공화국, 우간다
서부로랜드고릴라	카메룬, 가봉, 적도기니, 콩고, 중앙아프리카공화국
침팬지	아프리카 중부와 서부
보노보센트럴	콩고공화국의 콩고 강 부근 열대우림 습지
인류	진 세계

아프리카 밖으로

2003년에 16만 년 정도 된 현생인류의 화석이 에티오피아에서 발견되었다. 이 화석은 원시인류에서 현생인류로의 전환을 보여준다. 이것은 인류가 아프리카에서 진화되어 아프리카 밖으로 이주했음을 나타낸다. 현생인류는 세계 모든 곳에 살고 있다.

4

위대한 물길

세계의 물

전체 넓이가 5억 1,006만 6,000km^{2}인 지구 표면의 약 70.9%인 3억 6,141만 9,000km^{2}는 물로 덮여 있다. 2000년에 국제수로기구는 태평양, 인도양, 대서양의 남위 60° 남쪽 지역을 '남빙양'이라고 새롭게 명명했다.

대양	넓이(km^2)	해안 길이(km)
태평양	155,557,000	135,663
대서양	76,762,000	111,866
인도양	68,556,000	66,526
남빙양	20,327,000	17,968
북극해	14,056,000	45,389

가장 깊은 해연

대양에서 가장 깊은 곳은 주로 두 지각판의 경계면에서 발견된다. 두 지각판이 충돌하는 곳에서는 하나의 지각판이 압력을 받아 아래로 내려가게 된다.

해연 또는 해구	대양	깊이(m)
마리아나 해구(챌린저 해연)	태평양	11,033
푸에르토리코 해구(밀워키 해연)	대서양	8,648
자바 해구	인도양	7,725
사우스샌드위치 해구	남빙양	7,235
프람 베이즌	북극해	4,665

해저 산맥

해저 산맥은 대륙판이 형성되는 지역에 분포한다. 세계에서 가장 큰 해저 산맥은 대서양 중앙 산령이다. 북극해에 있는, 북극에서 333km 떨어진 지저부터 남빙양의 부버트 섬Bouvert Island에 이르는 이 산령은 대서양을 둘로 갈라놓고 있다.

해저 등대

해저 산들은 바다에서 폭발한 화산들이다. 일부는 지각 틈을 따라 분출된 용암에 의해 계속 높아지고 있다.

식어가는 용암에서 나오는 광물들은 해양 동물들이 항해하는 데 필요한 정보를 제공해준다. 예를 들면 홍살귀상어는 코르테스 해의 해저 산들에 서식하며 굳은 용암의 자기 정보를 이용하여 살던 곳으로 돌아오는 길을 찾는다.

코르테스 해의 홍살귀상어

열수 분출공

바다 밑에 있는 열수 분출공은 지구에서 가장 극한 환경을 가진 장소 중의 하나일 것이다. 수온이 400℃나 되는 이곳에도 생명체가 살고 있다. 붉은새날개갯지렁이, 대영조개, 눈먼새우 같은 이상한 동물들로 이뤄진 이곳 생태계는 태양 빛과 녹색식물을 바탕으로 하는 것이 아니라 지구 내부의 열과 광물질을 바탕으로 하는 먹이사슬을 이루고 있다.

해류와 파도

해류는 지구를 도는 커다란 물 순환의 일부다. 북반구에서는 시계 방향으로, 남반구에서는 반시계방향으로 물 순환이 일어난다. 남아메리카 연안의 훔볼트 해류 등은 차가운 극 지방의 물을 적도 지방으로 날라오고, 걸프 해류 등은 적도 지방의 따뜻한 물을 극 지방으로 날라온다.

물이 수평 방향으로 움직이는 해류와 달리 파도는 물이 아래위로 움직인다. 파도는 물이 움직여 가는 것이 아니라 물을 통해 에너지가 이동한다. 바다 표면에서는 바람과 바닷물의 접촉에 의해 파도가 만들어지고, 파장이 길수록 파도가 커지는 경향이 있다.

살아 있는 암석

깨끗한 바다에서만 사는 산호초는 작은 말미잘처럼 생긴 바다 생명체의 골격으로 만들어진다. 산호는 죽은 산호 위에서 사는 경향이 있어 그 잔해가 점차 쌓여 거대한 석회암 암초를 형성하게 된다.

대보초 Great Barrier Reef

대보초는 오스트레일리아의 퀸즐랜드에서 가까운 동부 해안에 위치해 있다.

길이: 케이프요크 반도에서부터 분다버그의 북쪽과 프레이저 섬까지 약 2,300km.

암초의 수와 크기: 2,900개의 암초로 이뤄져 있다. 이 중 760개는 거초이고, 300개는 산호초다. 대보초가 포함된 지역의 넓이는 34만 8,700km^{2}으로 이탈리아 면적보다 넓다.

살아 있는 구조물: 대보초의 6%만이 실제 산호초이지만, 이것은 살아 있는 유기물로 이뤄진 가장 큰 구조다. 나머지는 대륙붕이거나 습지다.

생명의 보고: 대보초는 야생 생명체들로 가득하다. 매년 새로운

종이 발견되는 이곳에는 약 2,000종의 물고기, 1,000종의 연체동물, 350종의 산호가 서식하고 있다.

다른 보초들

크기로는 두 번째이지만 중요성에서는 두 번째라고 할 수 없는 것이 메소아메리칸-캐리비안 보초다. 이 보초의 길이는 멕시코의 유카탄 반도 끝에서 온두라스의 베이 섬까지 1,000km에 이르며, 여기에는 벨리제와 과테말라의 산호초가 포함된다. 이것은 아메리카에서 가장 큰 산호초다.

환초

환초는 화산에 기원을 두고 있다. 화산 분출이 끝난 후 바닷물이 화산의 측면을 침식해 가라앉히면 분화구의 가장자리에 산호가 자라게 된다. 산호는 둥근 모양의 산호초가 바닷물 위로 드러날 때까지 자란다. 태평양 중부에 있는 비키니환초는 29개의 환초로 이뤄졌다.

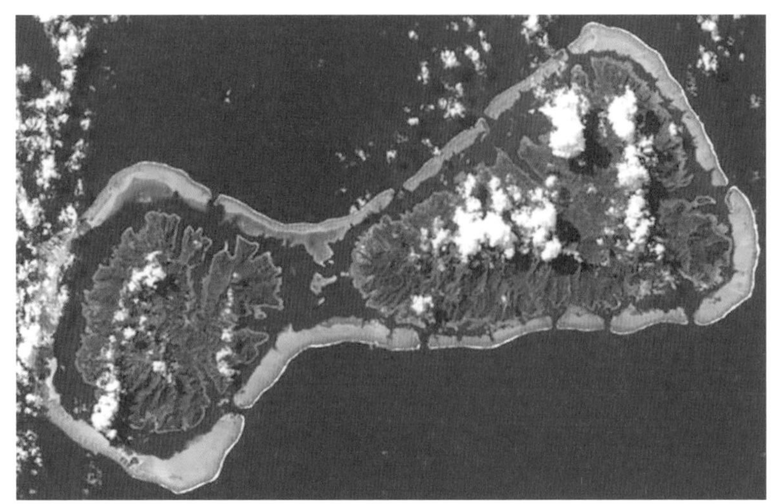

남태평양의 환초

추운 지역의 산호

산호는 차갑고 깊은 물속에서도 자란다. 노르웨이의 로포텐Lofoten 섬에 있는 로스트는 추운 지역에 있는 가장 큰 산호초 중의 하나다. 이 산호초의 길이는 35m이고, 폭은 3km로 200~300m 깊이에서 매년 1.3mm씩 자란다. 이 산호는 주로 차가운 물에서 자라는 심해 산호인 로페리아 페르투사Lophelia pertusa로, 수온이 6~8℃ 사이인 얕은 물에서도 자란다.

≋ 호수

육지로 둘러싸여 있는 물을 '호수'라고 한다. 대부분 호수는 민물을 담고 있으며, 남반구보다는 주로 북반구의 고위도 지방에 분포한다.

호수와 관련된 사실들

세계에서 가장 큰 호수: 러시아, 이란, 카자흐스탄, 투르크메니스탄, 아제르바이잔이 국경을 맞대고 있는 카스피 해는 극 지방의 빙산과 함께 지구 민물의 대부분을 포함하고 있다.

세계에서 가장 깊은 호수: 러시아 시베리아에 있는 바이칼 호. 알혼 크레비스는 가장 깊은 지점이 1,638m로 해수면보다 1,181m나 낮다. 바이칼 호는 지구 민물의 20%를 포함하고 있다.

가장 호수가 많은 나라: 핀란드는 1,000개의 호수를 가진 나라로 알려져 있다. 그러나 실제로 핀란드에 있는 호수의 수는 1,000개가 훨씬 넘는다. 핀란드에는 18만 7,888개의 호수가 있는데 이 중 6만 개는 큰 호수다. 사이마Saimma는 그중에서도 가장 크다.

세계에서 가장 빠르게 줄어들고 있는 호수: 아랄 해의 남쪽 지역

시베리아에 있는 바이칼 호

은 관개로 인해 물 사용이 늘어나 호수가 빠르게 줄어들고 있다. 1960년에 측정했을 때 6만 8,000km^{2}였던 호수의 넓이는 2012년에 3분의 1로 줄어들 것으로 추정되고 있다. 러시아의 볼로트니코보에 있는 화이트 호수는 가장 빠르게 사라진 호수다. 이 호수는 2005년에 흙을 파내 오카 강으로 물을 빼내자 불과 몇 분 만에 사라졌다.

세계에서 가장 높은 곳에 있는 호수: 길이가 180m이고 폭이 50m인 르하그바Lhagba라고 부르는 작은 호수는 히말라야 산맥의 6,368m의 고도에 위치해 있다. 안데스 산맥의 해발고도 3,810m에 있는 페루의 티티카카 호수는 세계에서 가장 높은 곳에 있는 선박 운행이 가능한 호수다.

세계에서 가장 낮은 곳에 있는 호수: 사해는 세계에서 가장 낮은 곳에 있는 호수로, 호수면이 해수면보다 397m나 낮다.

북아메리카에서 가장 깊은 호수는 그레이트슬레이브 호수다. 이 호수의 깊이는 700m로, 전 세계에서 여섯 번째로 깊다.

전설적인 호수 괴물

괴물 이름	위치	나라
네시	네스 호	스코틀랜드
챔프	챔플레인 호수	미국/캐나다
스토르시외오류레트	스토르시왼 호수	스웨덴
오고포고	오카나간 호수	캐나다 브리티시컬럼비아
나후엘리토	나후엘후아피 호수	아르헨티나 파타고니아
나할릭 인디언	유토피아 호수	캐나다 뉴브런즈윅
마니포가	마니토바 호수	캐나다 마니토바
베시	이리 호	미국/캐나다

오대호의 물을 미국 전역에 고르게 붓는다면 미국은 2.9m의 수면 아래 잠기게 될 것이다.

남극 대륙 얼음 밑에 있는 호수들

보스토크 호수는 얼음 밑에 있는 거대한 호수로, 남극 대륙에 있는 70개의 얼음 밑 호수 중에서 가장 크다. 러시아의 남극 기지인 보스토크 기지의 4,000m 밑에 있는 이 호수는 길이가 250km이고, 너비가 40km이며, 가운데에는 섬도 있다. 이 호수의 물은 백만 년 전의 것으로 추정된다.

알래스카의 호수들

알래스카의 북쪽 사면에 분포하는 달걀형의 호수들은 지구상에서 가장 빠르게 커지고 있는 호수들이다. 작은 물웅덩이에서 시작하여 현재는 길이가 24km나 되는 이 호수들은 수천 년 동안 매년 약 4.5m씩 커지고 있다. 이 호수들은 늘어진 달걀 모양을 하고 있는데, 뾰족한 부분이 북쪽을 향하고 있다.

죽은 호수들

스칸디나비아에 있는 아름답고 수정같이 깨끗한 호수들은 눈에 보이는 것과는 다르다. 실제로 이 호수들은 깨끗하거나 자연 상태로 보존된 호수가 아니라 공업지대에 내리는 산성비로 오염되어 생명체들이 살 수 없는 호수다. 물이 깨끗한 것은 어떤 생물체도 살고 있지 않기 때문이다.

시베리아 포트홀 호수

빙하기 동안에 빙하가 북아메리카와 유라시아 대륙의 많은 부분을 뒤덮었다. 빙하가 물러가면서 커다란 얼음 덩어리가 남아 주위에 있던 흙과 바위에 둘러싸이게 되었다. 그리고 이 얼음이 녹자 땅에 큰 구멍을 남기게 되었고 여기에 물이 차서 호수가 되었다. 북아메리카와 시베리아에서 발견되는 포트홀 호수는 이런 과정을 거쳐 형성되었다.

강

강은 자연적인 물길이다. 물은 호수나 샘 또는 작은 지류에서 시작된다. 강은 수원지로부터 경사면을 따라 흘러내려 바다에서 끝난다.

긴 강과 짧은 강

세계에서 가장 긴 강: 길이가 6,693km인 아프리카의 나일 강과 6,437km인 남아메리카의 아마존 강이 세계에서 가장 긴 강이다. 세 번째로 긴 강은 중국의 장강으로 길이는 6,380km다.

세계에서 가장 짧은 강: 미국 오리건에 있는 데빌 호수와 태평양을 연결하는 디^{D} 강의 길이는 37m로 세계에서 가장 짧은 강이다.

놀라운 아마존

아마존 강과 그 지류들이 형성하는 유역의 넓이는 6,500만km^2나 된다. 이는 남아메리카 대륙 전체 넓이의 40%에 해당한다. 아마존 강에는 다리가 없다. 안데스 산맥에서 시작된 아마존 강은 해발 100m까지 내려온 다음에는 바다에 도달할 때까지 그 높이

브라질의 아마존 강

를 유지한다. 폭이 가장 넓은 지점에서의 너비는 560km나 된다.

브라질의 푼토 파티조카Punto Patijoca에서 카보 도 노르트Cabo do Norte에 이르는 아마존 강 하구에는 (파라 강 하구를 포함해서) 너비가 330km나 되는 거대한 삼각주가 형성되어 있는데, 덴마크와 비슷한 넓이의 마라조 섬이 그 한가운데에 자리 잡고 있다.

아마존 강에 홍수가 나는 시기에는 매일 1,400만m^3의 물이 바다로 유입되는데, 이는 뉴욕 시가 9년 동안 사용할 수 있는 물의 양과 같다.

아마존의 침수림

안데스의 눈이 녹은 물과 아마존 유역에 내리는 빗물이 합쳐지면 아마존 강의 양쪽 지역은 12m 깊이로 침수된다. 이렇게 침수되는 지역에 형성된 숲이 침수림이다.

침수림 지역은 민물 돌고래, 과일을 먹고 사는 물고기, 거대한 수달이 나무 꼭대기를 헤엄쳐 다니는 이상한 세상이다. 이곳에는 가끔 민물 노랑가오리, 고양이상어, 해우도 나타난다.

갠지스의 식인 호랑이

순다르반Sundarbans이라고 불리는 갠지스 강 어귀의 저지대에는 식인 벵골호랑이가 서식하고 있어 꿀 채취자, 어부, 벌목공들이 자주 희생되고 있다. 그래서 양복점에서 사용하는 마네킹에 전깃줄을 감아 호랑이에게 고전압 전기 쇼크를 주어 사람들을 공격하는 성향을 줄이려고 시도했다. 놀랍게도 이 방법은 매우 효과적이었다.

≋ 폭포

침식에 잘 견디는 암벽에서 물이 갑자기 아래로 떨어지는 것을 '폭포'라고 한다.

폭포 명칭	높이(m)	강	나라
앙헬 폭포	979	가우자 강	베네수엘라
투겔라 폭포	850	투겔라 강	남아프리카공화국
우티괴르드 폭포	800	(빙하계류)	노르웨이
몽지 폭포	774	몽지벡 강	노르웨이
므타라지 폭포	762	무타라지 강	짐바브웨
요세미티 폭포	739	요세미티 강	미국
피먼스 폭포	715	피먼스 강	오스트레일리아
에스펠란드스 폭포	703	오포 강	노르웨이
마르달스 폭포	655	마르달라 강	노르웨이
튀세스트렝에네 폭포	647	타이사 강	노르웨이

세계에서 가장 높은 10개의 폭포 중 절반은 노르웨이에 있다. 그러나 세계에서 가장 유명한 폭포는 미국과 캐나다의 경계에 있는 나이아가라 폭포일 것이다. 나이아가라 폭포는 미국 폭포와 캐나다 폭포로 구성되어 있는데, 미국 폭포는 높이가 56m, 너비는 328m로, 높이가 52m이고 너비가 675m인 캐나다 폭포보다

조금 높다. 미국 쪽에 있는 미국 폭포보다 캐나다 쪽에 있는 말굽 폭포가 통 속에 들어가 뛰어내리는 모험을 하는 사람들이 선호하는 곳이다.

최초로 통 속에 들어가 나이아가라 폭포에 뛰어내리는 데 성공한 사람은 63세의 여교사 애니 테일러Annie Taylor였다. 1901년 10월 24일, 이 모험을 감행한 테일러는 유명해져서 재산을 모으는 대신 가난 속에서 죽었다.

강에 설치된 댐

전 세계의 거의 모든 강에는 댐이 설치되어 있다. 세계적으로 약 80만 개의 댐이 설치되어 있으며 그중 4만 개는 큰 규모의 댐이고, 300개는 매우 중요한 댐이다.

세계에서 가장 큰 인공 호수: 가나 남부에 있는 화이트 볼타 강을 막아 만든 길이가 400km인 볼타 호수가 세계에서 가장 큰 인공 호수다.

브라질과 파라과이 국경에 설치된 이타이프댐은 세계에서 가장 큰 수력 발전기를 가동하고 있다.

가장 큰 제방을 가진 댐: 나일 강에 건설된 '사드 엘 알리'라고도 불리는 아스완하이댐은 세계에서 세 번째로 큰 인공 호수를 만들었다.

세계에서 가장 큰 콘크리트 댐: 중국 장강에 설치된 싼샤댐이 세계에서 가장 큰 콘크리트 댐이다. 댐의 높이는 183m이고 너비는 1.6km다. 이 댐은 2008년 10월에 완공되었다.

세계에서 가장 큰 수력 발전기: 브라질과 파라과이 국경에 있는 이타이프Itaipu댐을 건설하는 데 사용된 철강의 양은 에펠탑 380개를 건설하는 데 필요한 철강의 양과 맞먹는다. 이구아수 폭포 상류의 폭이 7.7km인 프라나 강에 설치된 높이 196m의

이 댐은 세계에서 가장 큰 수력 발전기를 가동하는 것으로 유명하다.

가장 오래된 댐: 이집트의 나일 강에서 발견된 이 댐은 기원전 2700년에 건설된 것으로, 폭이 11m이고 너비가 106m다.

세계에서 가장 높은 댐은 타지키스탄의 바크흐시 강에 설치된, 높이가 335m인 로건Rogun댐이다. 두 번째로 높은 댐은 같은 강에 설치된 높이 300m의 누렉Nurek댐이다.

운하

파나마, 수에즈, 키엘 운하 등은 바다에서의 항해 거리를 단축하기 위해 건설되었고, 캐나다의 웰런드 십 운하Welland Ship Canal, 다뉴브 강의 십 운하 등은 위험지역을 피하거나 자연적인 물길을 개선하기 위해 만들어졌다. 영국의 맨체스터 십 운하는 바다와 내륙의 도시를 연결하기 위해 건설되었고, 리게와 안트워프를 연결하는 벨기에의 알베르트 운하 등은 공업지역과 항구를 연결하기 위해 건설되었다.

세계에서 가장 긴 운하: 13세기까지 약 2,000년에 걸쳐 건설된, 베이징과 항저우를 연결하는 중국 대운하의 길이는 1,795km나 된다.

세계에서 가장 긴 선박 운행이 가능한 운하 터널: 마르세유-론 운하에 설치된 길이 7,200m인 르 로브Le Rove 터널은 1911~1925년에 만들어졌지만 1963년에 폐쇄되었다.

≋ 파나마 운하

파나마 운하는 기술의 승리였다. 파나마 운하는 파나마 지협을 통해 태평양과 대서양을 연결하는 운하로, 미국 서부에서 캐낸 금을 유럽으로 운반하는 안전한 경로를 찾던 16세기에 처음 구상되었다. 이 운하는 1534년 스페인 당국에 의해 오늘날의 운하와 거의 같은 경로를 따라 계획된 뒤, 19세기에 프랑스 회사가 건설을 시작했지만 도산하는 바람에 중단되었다가 미국이 넘겨받아 1914년에 완성했다.

길이: 현재 대서양의 콜론에서 태평양 연안의 파나마 시티까지 81km를 연결하고 있다.

단축 거리: 뉴욕에서 샌프란시스코까지 운항하는 선박은 남아

메리카의 남단을 돌아가는 대신 파나마 운하를 통과하면 1만 2,668km를 단축할 수 있다.

통과하는 선박: 매일 평균 30척의 배, 연간 1만 척이 넘는 배가 파나마 운하를 통과한다.

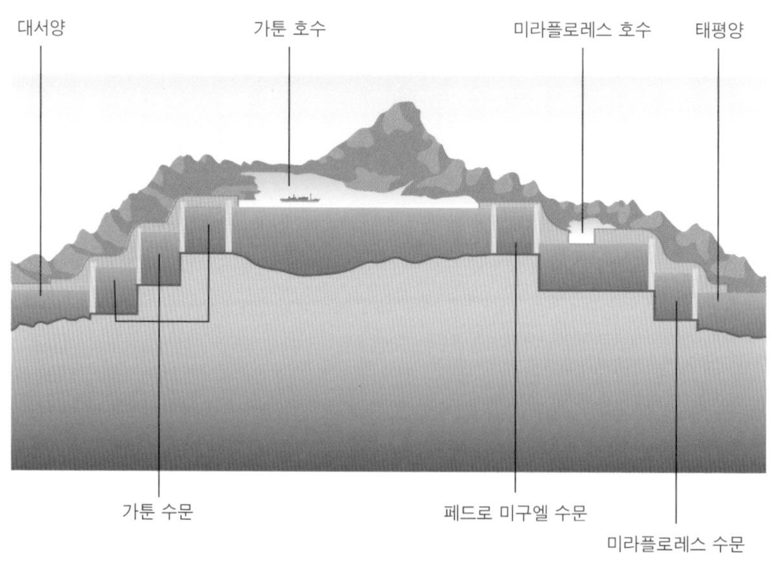

파나마 운하의 단면도

5

사막

메마른 땅

사막은 남극 대륙을 제외하면 고기압이 발달하여 강수량이 적은 남반구와 북반구에서는 주로 위도 15~35° 사이에 분포한다. 사막은 육지 면적의 5분의 1을 차지한다.

사하라: 한때는 풀이 무성한 살기 좋은 땅이었다

사하라 사막도 항상 말라 있었던 것은 아니다. 사하라에도 여러 번의 우기가 있었으며, 가장 최근 기록은 약 5,000~1만 년 전이었다. 그 무렵에는 코끼리, 하마, 악어, 사람들이 사하라에 살았다. 이 지역이 현재의 메마른 상태로 변한 것은 기원전 3000

년경부터다.

오늘날 사하라 사막은 서쪽으로는 대서양, 북쪽으로는 지중해, 동쪽으로는 홍해 그리고 남쪽으로는 수단과 니제르Niger 강에까지 이르고 있다. 사막의 가장자리 지역에는 약간의 비가 오지만 사막의 중심부에서는 연간 강수량이 7.6cm 이하이고 기온은 57.7℃까지 올라간다.

끝없이 펼쳐진 모래

사하라 사막의 4분의 1은 모래 벌판과 모래 언덕이다. 모래 언덕의 높이가 150m나 되기도 하며, 모래 고원의 높이는 자그마치 350m까지 높아지기도 한다. 또 다른 4분의 1은 산이다.

가장 높은 산은 차드에 있는 에밀레스 코우시Emiles Koussi 산으로 3,415m 높이다. 사하라에서 가장 낮은 지점은 카타라Qattara 저지로 해수면보다 133m나 낮은 곳에 위치한다. 나머지 대부분은 돌멩이투성이의 사막이다.

사하라를 흐르는 강은 나일 강과 니제르 강뿐이다. 사막에 있는 비옥한 지역은 지하를 흐르는 강에 의해 물이 공급되고 있다.

사하라의 악어

2001년에 길이가 12m, 무게가 8t이나 되는 대형 악어 화석이 남부 사하라 니제르의 가도우파오우아Gadoufaoua에서 발견되었다. 이 악어는 1억 1,000만 년 전에 공룡과 함께 살았다. 오늘날에는 사하라의 남부 가장자리를 따라 분포하는 오아시스의 물속에 사는 몸집이 작은 소수의 악어들만이 살고 있을 뿐이다.

아타카마 Atacama 사막

칠레의 태평양과 안데스 산맥 사이에 있는 아타카마 사막은 용암이 만들어놓은 고원으로, 암염과 간헐천이 많이 분포한다. 이곳은 지구상에서 가장 메마른 지역 중의 하나다. 메마른 땅이 1,217km나 뻗어 있는 이 사막은 연간 강우량이 0.01cm 이하이며, 일부 지역에는 400년 동안 비가 한 번도 내리지 않았다. 유일한 수분 공급원은 남극 지방에서 북쪽으로 흐르는 차가운 훔볼트 해류가 육지에서 불어오는 따뜻한 공기와 부딪힐 때 만들어지는 카만차카Camanchaca라고 불리는 짙은 안개다.

이 지방 사람들은 안개 그물을 이용하여 수분을 모은다.

세계의 사막

사막	대략적인 면적 (km²)	나라
사하라	965만	모로코, 알제리, 튀니지, 리비아, 이집트, 서부 사하라, 마우리타니아, 말리, 니제르, 차드, 에티오피아, 에리트레아, 소말리아, 수단
아라비아	259만	사우디아라비아, 쿠웨이트, 카타르, 오만, 예멘, 아랍에미리트
대서부	135만	오스트레일리아(그레이트빅토리아, 그레이트스탠디, 깁슨 사막 포함)
고비	130만	중국, 몽골
파타고니아	67만 3,400	아르헨티나
칼라하리	56만 9,800	보츠와나, 나미비아, 남아프리카공화국
그레이트 베이즌	49만 2,100	미국(네바다, 오리건, 유타)
치추아후안	45만 3,250	멕시코, 미국 남서부
타르	45만 3,250	인도, 파키스탄
카라쿰 (검은 모래)	34만 9,650	우즈베키스탄, 투르크메니스탄
콜로라도 고원 (색칠한 사막)	33만 6,700	미국(콜로라도, 애리조나, 와이오밍, 유타, 뉴멕시코)
소노란	31만 800	미국(애리조나, 캘리포니아), 멕시코
키질쿰 (붉은 모래)	29만 7,830	우즈베키스탄, 투르크메니스탄, 카자흐스탄
타클라마칸	27만 1,950	중국
이란	25만 9,000	이란

엘 데지에토 플로리도 El Desierto Florido(꽃 피는 사막)

아타카마에 수백 년 동안 건기가 계속된 이후에는 비가 내려도 아무것도 자라지 못하지만 건기가 10~20년 정도 계속된 후라면 기적이 일어난다. 지하에서 동면하고 있던 씨앗과 뿌리가 갑자기 싹을 틔워 사막이 꽃밭으로 변한다.

꽃들은 종종 차례대로 나타난다. 골짜기에서 자라는 자주색의 수스피로Suspiro가 먼저 나타나고, 다음에는 노란색의 카투초Cartucho가 모습이 보이며, 2주 후에는 칠레애기쐐기풀 꽃이 핀다. 메마른 사막에 내리는 비의 일부는 엘니뇨에 의한 것이다.

칼라하리: 사막 다이어트

칼라하리 사막은 가시 돋친 선인장의 일종인 후디아Hoodia가 자라는 곳이다. 수천 년 전에 샌 부시먼San Bushmen이 발견해 긴 사냥 기간에 배고픔을 참는 데 사용되었던 이 선인장은 식욕을 억제하여 비만을 조절하는 데 사용된다.

'P57'이라는 이름의 분자를 포함하고 있는 이 선인장이 샌족을 백만장자로 만들어줄는지도 모른다. 이 화합물은 몸의 혈당치를 높여 배고픔을 잊게 하는데, 바나나 반 개 크기이면 24시간 동안 음식에 대한 욕구를 억제할 수 있다.

지구의 소금

지구상에서 가장 큰 소금 호수: 남부 오스트레일리아에 있는 세계에서 가장 큰 염호인 에어Eyre 호수는 길이가 144km이고, 폭이 77km이며 가장 낮은 지점의 높이가 해수면 아래 15.2m다. 이 호수에 물이 가득 차면 수백만 마리의 철새가 찾아든다.

북아메리카에서 가장 낮은 지점: 죽음의 계곡인 2,743m 두께의 소금층에 있는 연못의 바닥은 북아메리카에서 가장 낮은 지점으로, 높이는 해수면 아래 85m다. 부근은 침식된 소금으로 인해 마치 경작된 밭과 비슷해 보이는데, 그곳은 '악마의 골프 코스'라는 이름으로 불린다.

물이 흘러나가지 않는 호수: 넓이가 4,403km^{2}이고 깊이가 11m인 미국 유타 주의 그레이트 솔트레이크는 물이 흘러나가지 않는 호수 중에서 세계에서 네 번째로 큰 호수다. 한때는 이 호수의 10배나 되었던 본빌 호수의 일부였다.

지구상의 육지 중에서 가장 낮은 장소: 사해는 지구에서 가장 깊은 염호다. 길이가 76km이고, 너비가 18km이며, 깊이가 400m인 이 호수는 이스라엘과 요르단 사이에 위치해 있다. 사해의 물에는 깊이에 따라 바닷물보다 6~10배의 소금이 녹아 있으며 21종류의 미네랄을 포함하고 있는데, 그중 12가지는 바닷물에서는 발견되지 않는 것으로 피부병과 류마티스 치료에 효

에어 호수의 해변에 난 자동차 바퀴 자국

과가 있다고 알려져 있다.

고비: 추운 사막

고비 사막은 모래가 아니라 대부분 바위투성이인 사막이다. 그럼에도 중국에서는 이 사막을 모래가 많다는 뜻을 가진 '사막' 또는 메마른 큰 바다라는 뜻의 '한해'라는 이름으로 부르고 있다. 남부 몽골 지역의 고비 사막은 온도가 −33℃까지 내려가고 알라산 지역에서는 37℃까지 올라간다. 남동부 일부 지역에 우기가 오기도 하지만, 대부분은 거의 비가 내리지 않는다.

야생 낙타

중국 북서부와 몽골의 사막에 서식하는 야생 낙타는 현재 950마리 정도 남아 있는 것으로 보인다. 이곳에 서식하는 낙타는 쌍봉낙타로, 이들은 고비 사막 같은 극한 기후에도 잘 적응했다.

남극: 얼음으로 덮인 따뜻한 바다

흥미롭게도 지구상에서 가장 건조한 곳은 뜨거운 사막이 아니라 남극 대륙에 있는 얼음이 거의 없는 메마른 맥머도McMurdo 계곡이다.

눈이나 비가 거의 오지 않는 이곳은 지구상에서 가장 혹독한 환경을 가진 곳이다. 이 골짜기는 맥머도사운드McMurdo Sound의 서부 해안에 위치하며 넓이는 4,800km^{2}이다. 주 계곡의 폭은 5~10km이고 길이는 15~20km이며, 일부는 영구히 얼어붙어 있는 호수다. 그중의 하나가 반다 호수로, 얼음 아래의 수온은 25℃나 된다. 태양 빛이 얼음을 통해 얼음 아래 있는 물을 데우기 때문이다.

맥머도사운드 남극 대륙 산맥

나미브 Namib : 안개와 생명

나미브 사막은 세계에서 가장 오래된 사막으로 5,500년 동안 메마른 상태였다. 이곳에 사는 식물과 동물은 가끔 예고 없이 내리는 비와 대서양에서 불어오는 안개에 의존해 살아가고 있다. 이 지역에 사는 동물 중의 하나인 딱정벌레는 모래 언덕 위에 거꾸로 서서 몸에 맺히는 물방울이 곧바로 입으로 들어가도록 한다. 또 이곳에 사는 도마뱀은 눈 표면에 맺히는 물방울을 핥아 먹는다. 웰위치아 Welwitschia 라는 식물 중에는 2,500년이나 된 것도 있다. 이 식물은 끈 같은 잎을 가지고 있는데, 이 잎들은 식물이 살아 있는 동안에는 떨어지지 않고 붙어 있다. 따라서 이 잎들은 지구에서 가장 오래 사는 잎이다.

생명체의 먹이

페루의 아타카마 사막 가장자리에 있는 파라카스에서는 태평양의 가장자리에서 위로 솟아오르는 영양분이 개체수가 많은 바닷새를 포함해 먹이사슬을 지탱하고 있다. 이 새들은 많은 양의 배설물을 배출하는데 '구아모'라고 부르는 이 배설물은 이 지역에 50m 높이로 퇴적되었다.

모래 산맥

세계에서 가장 큰 사구는 나미비아의 나미브 노클루프트 국립공원에 있는 3만 2,000km^2 넓이의 모래 바다다. 붉은색 또는 황토색 사구의 높이는 300m가 넘는다. 세계에서 가장 높은 사구는 알제리 동부의 사하라에 있는 이사오우안 앤 티퍼닌Isaouane-n-Tifernine이다. 이 사구의 높이는 465m나 되고, 사구 사이의 거리는 5km다.

사구의 종류	특징
초승달 모양 또는 바르한	지구와 화성에서 가장 보편적인 형태의 사구. 뒤쪽은 반월형이고 앞쪽은 경사가 급하다. 길이보다 폭이 넓으며, 한 방향에서 불어오는 바람에 의해 형성된다.
종사구	길게 형성된 사구로 폭보다 길이가 훨씬 길다. 이들은 긴 리지 또는 바위투성이의 골짜기를 경계로 하는 여러 개의 평행한 리지를 형성한다.
성사구	피라미드처럼 여러 개의 사구가 사방으로 펼쳐져 있다. 이들은 여러 방향에서 불어오는 바람에 의해 형성되며 위쪽 방향으로 자란다.
돔형 사구	이것은 드문 형태로 가파른 경사가 없다. 사우디아라비아의 사막에서 만들어지는데, 정상에는 반달형 사구가 형성된다.

사구는 노래를 부르기도 하고, 휘파람을 불기도 하며, 화를 내기도 한다. 모래사태가 일어날 때와 같이 단단하고 건조한 둥근 모래알들이 경사면을 따라 다른 모래알 위를 흘러내릴 때 낮은 주파수의 여러 가지 소리가 난다. 이 소리는 파이프오르간, 전선을 지나는 바람 소리, 멀리서 들리는 케틀드럼 소리 등 여러 가지로 묘사되었다.

6

정글과 숲

열대우림

세계에서 가장 큰 열대우림은 적도에 걸쳐 있고, 나머지 열대우림들은 적도와 남북 회귀선 사이에 분포해 있다. 이는 지구 육지 면적의 6%를 차지하며, 전 세계 산소량의 40%를 생산한다. 열대우림은 일 년 내내 온도가 20℃ 이상이며, 34℃ 이상으로는 올라가지 않는다. 또한 물이 풍부하여 연간 강우량은 2.54m가 넘고, 습도는 75~90% 사이다. 열대우림에는 건기와 우기의 두 계절이 있는데, 이곳에 사는 식물들은 이 두 계절에 맞추어 꽃을 피우고 열매를 맺는다.

중앙아메리카: 이 지역은 한때 열대우림이었지만 대부분이 사

열대우림 지역: 아프리카 에티오피아의 청나일 강에 있는 톰슨 폭포

탕수수를 재배하기 위해 파괴되었다. 이곳에 서식하는 새 중에는 앵무새가 가장 많다.

아마존: 남아메리카는 세계에서 두 번째로 긴 강 유역에 형성된, 세계에서 가장 큰 열대우림을 가지고 있다. 이곳은 지구에서 식물과 동물이 가장 다양하게 서식하는 지역이다.

콩고: 세계에서 두 번째로 큰 이곳의 열대우림은 희귀한 로랜드고릴라의 서식지다.

동남아시아: 인도와 말레이시아, 인도네시아에 걸쳐 여러 곳에 열대우림이 분포되어 있다. 우기에는 많은 비가 내린다.

오스트레일리아: 수백만 년 전에는 하나의 거대한 열대우림이었던 이곳이 현재는 퀸즐랜드, 파푸아뉴기니 같은 여러 개의 섬

으로 나누어졌다. 각 섬에는 고유한 식물과 동물들이 있다.

열대우림의 계층 구조

열대우림은 5개의 기본적인 계층으로 이뤄져 있다. 열대우림에서 자라는 식물의 70%는 나무다.

최상층: 키가 50m가 넘는 우산 모양의 수관을 가진 나무들이 열대우림의 지붕을 형성하고 있다. 이 나무들은 계속 바람을 받기 때문에 작은 나뭇잎으로 수분 손실을 방지한다. 나무줄기는 두께가 1~2mm 정도인 얇은 껍질에 싸여 곧게 뻗어 있다. 대부분 아랫부분에는 사방으로 뻗어 나온 뿌리가 있는데, 이는 나무를 지탱하고 양분을 뿌리로 이동시키는 데 도움을 준다.

상층 수관: 키가 35m까지인 나무들로 이뤄져 있으며, 이 나무들의 수관 위쪽에는 햇빛이 풍부하지만 아래쪽은 햇빛이 거의 들지 않는다. 나뭇잎들은 물이 잘 흘러 떨어지도록 되어 있어 기공이 물에 의해 막히거나 곰팡이가 자라는 것을 방지한다. 넝쿨 식물들은 이 나무들의 줄기를 타고 기어올라 햇빛을 받아 꽃을 피우고 열매를 맺는다. 원숭이 같은 대부분의 열대우림 동물들은 상층 수관에서 생활한다.

하층 수관 또는 하부 식생층: 키가 20m까지 자라는 나무들로, 공기의 흐름이 적고 습도가 높은 곳에 수관을 만드는 나무들로 구성된다. 브로멜리아드Bromeliads, 난초 같은 착생식물이 이 나무들의 줄기에 붙어 생활한다. 일부 나무들은 가지에 꽃이 피지 않고 나무줄기에 꽃이 핀다.

관목과 묘목층: 햇빛의 3%만이 열대우림의 수관 아래에 있는 이 부분에 도달한다. 이곳의 나무들은 수관 사이로 비치는 햇빛을 차지하기 위해 경쟁하며, 햇빛이 비치는 방향을 향해 자란다.

바닥층: 햇빛의 1%와 0.3%의 비만 바닥에 도달한다. 어둠 속에서 녹색식물은 거의 자라지 못하고 토양의 두께는 매우 얇다. 이곳은 균류, 버섯 같은 부생 생물과 라플레시아Rafflesia 같은 기생 생물의 영역이다. 라플레시아는 가장 큰 꽃을 가진 식물로, 썩은 고기 냄새가 내는 향기를 이용하여 파리를 유혹해 꽃가루받이를 한다.

꽃으로 만든 집

브로멜리아드의 잎 한가운데 만들어지는 작은 연못에는 많은 작은 생명체들이 모여든다. 이곳은 달팽이, 납작벌레, 도롱뇽의 집으로 이용되기도 하고, 모기들이 알을 낳아 부화하는 장소가 되기도 한다. 때로 독이 있는 작은 개구리도 이곳에 알을 낳고 올챙이들을 보살핀다.

수풀의 다양성

열대우림은 식물과 동물이 가장 다양한 지역으로, 지구상의 생물 중 절반 이상이 열대우림에서 서식한다.

아마존에 있는 하나의 연못 또는 우각호에 유럽의 모든 강에 사는 물고기보다 더 많은 물고기가 살고 있다. 그리고 아마존에서 발견되는 생물 종의 수는 전체 대서양에서 발견되는 생물 종의 수보다 많다.

보르네오 열대우림의 10헥타르 면적에 700종의 나무가 자생하고 있는데, 이는 북아메리카 전체에 자생하고 있는 나무 종의 수와 맞먹는다.

페루의 열대우림에서 자라는 한 나무에는 43종의 개미가 살고 있는 것이 확인되었는데, 이는 영국 전역에 살고 있는 개미의 종수와 같다.

숲의 목을 조르는 식물

일부 식물은 햇빛과 영양분을 얻기 위해 독특한 방법을 사용한다. 스트랭글러 피그strangler fig(교살자 무화과)는 나무줄기에 부생하여 일생을 시작한다. 성장함에 따라 많은 잔뿌리를 아래로 뻗어 땅에 닿게 한 다음 이 무화과나무는 숙주였던 나무의 양분과 물을 가로채기 시작한다. 다른 뿌리들은 숙주 나무의 줄기를 감아서 양분의 흐름을 방해하며, 잎은 숙주 나무에 그늘을 만든다. 결국, 숙주 나무는 죽어서 썩게 된다. 남은 것은 거대하게 자란 무화과나무 한가운데 남아 있는 속이 빈 원통 모양의 줄기뿐이다.

숲에서 생산되는 약품

질병 치료에 이용하는 의약품의 4분의 1은 열대우림에 기원을 두고 있다. 이 중 실험을 한 것은 단지 1%의 식물뿐인데 열대우림은 급속히 사라지고 있다.

오늘날 열대우림 지역에 살고 있는 질병 치료사나 주술사는 대부분 70세 이상의 고령자다. 만약 젊은 사람들에게 전수되지 않는다면 그들이 죽고 나면 그들의 지식도 사라질 것이다. 이것은 약전이 저장된 도서관 전체를 불태우는 것과 마찬가지다.

키니네Quinine : 커피나 가데니아와 관계있는 키니네는 열대 사철 식물인 기나나무에서 채취한 것

키니네를 추출하는 기나나무의 꽃

으로, 말라리아 치료에 사용된다.

쿠라레Curaré: 열대 지방의 넝쿨 식물에서 채취한 것으로, 수술할 때 근육을 이완시키는 데 사용된다. 아메리카인디언들은 이것을 화살촉에 묻히는 독으로 사용했다.

로지 페리윙클 Rosy periwinkle**의 추출물**: 마다가스카르의 열대우림에 자생하며 소아 백혈병 치료에 효과가 있다. 현재는 벌목으로 인해 야생에서 사라졌다.

미국 국립 암 연구소는 암세포를 죽이거나 생장을 제한하는 3,000종의 식물을 찾아냈다. 이 중 70%는 열대우림 지역에서 발견했다.

독이 있는 식물

형태	특징
아주까리 Ricinus communis	모든 부분에 독성이 있음. 콩과 열매가 비슷함
벗나무 Prunus spp.	잎과 줄기에 독성이 있음
먹구슬나무 Melia azedarach	모든 부분이 위험함. 잎은 자연 살충제
무쿠나 카와지 Mucuna pruritum	꽃과 접촉하면 눈이 가렵고 실명할 수도 있음

애기백합 Zigadenus spp.	양파와 비슷하지만 냄새가 없고 독성이 강함
용선화 Lantana camara	모든 부분에 독이 있음
겨우살이 Viscum album	열매에 독성이 강함
가지과 식물 Sloanum spp.	모든 부분에 솔라닌이 있음, 익지 않은 열매는 위험함
서양협죽도 Nerium oleande	모든 부분에 독이 있음. 줄기를 떼서 요리하면 연기에 음식이 중독될 수 있음
팬지움(풋볼프루트) Pangium edule	모든 부분에 독이 있음. 열매가 특히 위험함
남양유동 Jatropha curcast	모든 부분에 독이 있음. 열매는 달지만 갑작스러운 설사를 유발할 수도 있음
독미나리 Conium macula	독성이 강함. 털이 있는 잎과 냄새가 비슷해 야생 당근과 혼동할 수 있음
포이즌아이비 Toxicodendron radicans	심각한 접촉성 피부염을 일으킴
독떡갈나무 Toxicodendron diversiloba	심각한 접촉성 피부염을 일으킴
옻나무 Gluta spp.	심각한 접촉성 피부염을 일으킴
로덴드론 Rodendron spp.	모든 부분에 독이 있음
구슬팔 Abrus precatorius	독성이 강함. 씨앗 하나로도 사람을 죽일 수 있음
마전자 Nux vomica	모든 부분에 스트리크닌 독이 있음. 특히 열매에 많은 양이 들어 있음
물미나리 Cicuta macaculata	독성이 강함. 적은 양으로도 죽음에 이르게 할 수 있음. 뿌리는 파스닌으로 오인할 수 있음

나무: 크기와 굵기

나무는 계속 자라고, 종류에 따라 자라는 속도도 다르기 때문에 세계에서 가장 큰 나무를 결정하는 것은 쉬운 일이 아니다. 이 부문의 경쟁자들은 대개 레드우드, 세쿼이아, 유칼립투스다.

가장 큰 나무: 지금까지 측정한 것 중 가장 큰 나무는 유칼립투스 엘리건스Eucalyptus elegans다. 오스트레일리아 빅토리아 지방의 와트 강가에서 자란 이 나무는 1872년에 키가 132.6m였다. 그러나 나무의 윗부분이 손상되었기 때문에 실제 크기는 150m 정도였을 것으로 추정된다.

가장 큰 나무 도전자: 가장 큰 나무 타이틀의 또 다른 도전자는 역시 오스트레일리아의 빅토리아 지방에 있는 바우바우 산에서 자라던 유칼립투스Eucalyptus였다. 1889년에 이 나무는 143m까지 자랐으나 측정의 정확성에 의문이 제기되고 있다.

최근의 가장 큰 나무: 최근에 살았던 가장 큰 나무는 미국 캘리포니아 주 훔볼트 레드우즈 주립공원에서 '다이어빌의 자이언트Dyerville Giant'라는 이름으로 불리던 해변 레드우드인 세쿼이아 셈페르비렌스Sequoia sempervirens다. 1991년 3월 24일, 나무가 쓰러졌을 때 정확하게 측정된 키는 109m였다. 이 나무는 수령이 1,600년이나 되었다.

가장 큰 나무 공원: 현재 기록에 도전하는 많은 나무는 캘리포

니아에 있는 훔볼트 레드우즈 주립공원에서 자라고 있다. 살아 있는 가장 큰 나무는 '스트래토스피어 자이언트Stratosphere Giant'라고 불리는 해변 레드우드로, 2004년에 측정한 높이가 112.83m에 이른다. 이 나무는 록펠러 숲에서 발견된 것으로 알려졌지만, 정확한 위치는 산림 경찰에 의해 비밀로 유지되고 있다. 두 번째로 큰 나무인 112.2m 높이의 '페더레이션 자이언트Federation giant' 역시 같은 공원에서 자라고 있다. 캘리포니아 주 유키아 부근에 있는 몽고메리 주립공원에서 자라고 있는 또 다른 해변 레드우드인 멘도시노Mendocino 나무가 간발의 차로 3위에 이름을 올리고 있다. 이 나무의 높이는 112m다.

가장 굵은 나무: 살아 있는 나무 중 세계에서 가장 굵은 나무는 캘리포니아의 세쿼이아 국립공원에 있는 자이언트 세쿼이아Sequoia Giganteum인 '셔먼 장군General Sherman'이다. 키가 82.8m인 이 나무의 둘레는 31.3m나 된다. 뿌리를 포함해 이 나무의 무게는 약 2,000t으로 추정되고 있다.

큰 나무는 하루에 500L 이상의 물을 흡수한다. 그러나 이 중 1% 이하만 광합성에 사용하고 나머지는 기공을 통해 공기 중으로 배출한다.

큰 가문비나무

북아메리카에서 가장 크거나 굵은 나무의 타이틀을 노리는 나무 중에는 1806년에 메리웨더 루이스(미국 탐험가 루이스Lewis와 클라크Clark로 잘 알려진)가 소개하기 전까지 과학자들에게 알려지지 않은 시트카가문비나무도 있다. 오리건 해변에 있는 '클루치 크릭 자이언트Klootchy Creek Giant'라고 불린 시트카가문비나무의 높이는 66m였고 둘레는 17m였다.

자이언트들의 계곡

또 다른 경쟁자는 퀴놀트Quinault 호수에 있는 거대한 가문비나무다. 이 나무의 높이는 58m이고 둘레는 18.6m다. 이 나무는 워싱턴 주에 있는 '우림 자이언트들의 계곡'으로 알려진 계곡에서 자라고 있다. 이 숲은 서반구에 존재하는 3개의 온대지방 침엽수로 이뤄진 우림의 하나다.

이 숲에는 자이언트솔송나무, 해변 더글러스전나무, 미국삼나무와 알래스카삼나무도 자라고 있다.

알려지지 않은 나무들

이 두 그루의 가문비나무는 밴쿠버 섬의 남서부 해안에 자라고 있는 높이 95m의 시트카가문비나무인 '카마나 자이언트Carmanah Giant'와는 비교가 안 된다. 그러나 브리티시컬럼비아 주의 엘크 크릭Elk Creek 숲에는 이보다 큰 나무들이 자라고 있다. 높이가 66.7m가 넘는 12그루의 더글러스전나무Pseudotsuga taxifolia가 이곳에서 발견되었는데, 높이가 82m나 되는 것도 있었다. 따라서 그곳에는 기록을 경신할 또 다른 후보자가 더 있을 것으로 추정된다.

숲과 나무들

숲은 나무들이 많이 자라고 있는 지역으로 이산화탄소를 흡수하고, 동물들의 서식처가 되며, 물의 흐름을 조절하고, 토양을 보존하는 등 다양한 작용을 하여 지구 생태계에서 아주 중요한 역할을 한다.

가장 큰 숲: 러시아의 타이가가 세계에서 가장 큰 숲이다. 주로 소나무로 이뤄진 이 숲의 넓이는 11억 헥타르에 이르며 5개의 표준시간대에 걸쳐 있다.

가장 큰 공인된 숲: 캐나다 앨버타에 있는 숲으로 넓이는 550만 헥타르다.

가장 굵은 나무: 멕시코 오악사카에서 자라고 있는 사이프러스의 일종인 산타마리아델툴Montezuma Bald Cypress, Taxodium mucronatum은 둘레가 54m나 되고, 높이는 40m이며, 수령이 2,000년이나 된다.

가장 작은 나무: 세계에서 가장 작은 나무는 북극의 툰드라에서 자라고 있는 난쟁이버드나무Salix herbacea로, 키가 6.35cm를 넘는 것은 아주 드물다.

가장 깊은 뿌리: 가장 뿌리가 깊은 나무는 남아프리카공화국 트랜스발의 오리스타드 부근에서 자라는 야생 무화과나무Ficus natalensis로, 뿌리의 깊이가 120m나 된다.

가장 큰 수관을 가진 나무: 가장 넓게 퍼진 수관을 가진 나무는 인도 캘커타의 인디언 식물 정원에 있는 반얀Ficus bengalensis나무로, 수관의 지름이 131m나 된다.

살아 있는 나무 중에서 가장 오래된 나무: 캘리포니아와 뉴멕시코에 서식하고 있는 강털소나무Pinus longaeva는 가장 오래 사는 나무다. 캘리포니아의 화이트 산맥에서 자라고 있는 강털소나무인 '메두셀라Methuselah'는 가장 오래된 나무로, 수령이 4,771년이며 높이는 17m다.

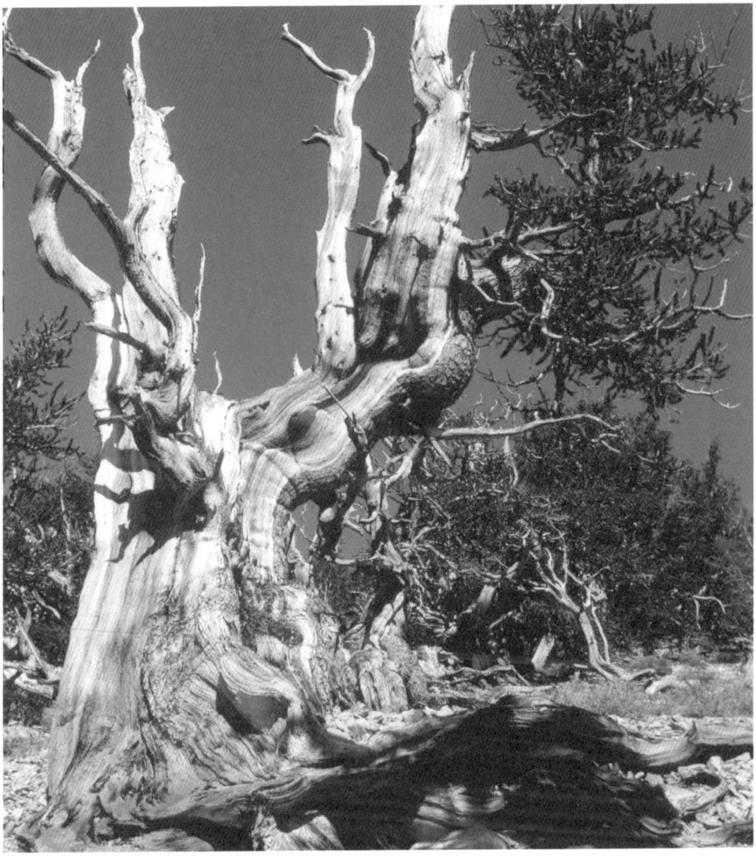

피누스 론가에바(Pinus longaeva): 캘리포니아에 있는 그레이트베이슨의 강털소나무

가을이 되어 여름 동안 광합성 작용을 도와주던 녹색의 클로로필이 분해되면 나뭇잎의 색은 녹색에 가려져 있던 다른 색이 나타나면서 노란색이나 붉은색으로 변하게 된다.

지구상에는 2만 3,000종 이상의 나무가 있다. 1999년에 골든 베트남 사이프러스Xanthocyparis vietnamensis 같은 종이 발견되었다. 2000년에도 오스트레일리아에서 아이도테아속에 속하는 새로운 종이 발견되었다.

거인의 최후

태즈메이니아Tasmania 섬의 울창한 숲 속에 세계에서 가장 큰 단단한 나무인 높이가 79m나 되는 유칼립투스가 서 있었다. '엘 그란데El Grande'라는 이름으로 불린 이 나무는 350년 동안 그 자리에 살고 있었다. 그러다가 나뭇조각에서 시작된 작은 불씨가 걷잡을 수 없이 번지면서 엘 그란데를 삼켰고, 2003년 5월에 죽은 것으로 최종 확인되었다.

가장 빠르게 자라는 나무

빠르게 자라는 나무로 잘 알려진 것은 중국이 원산지인 오동나무Paulownia spp.로 다른 나무들보다 4배의 산소를 생산한다. 이 나무는 첫해에 6m나 자라고, 종에 따라서는 23m 높이까지 자란다. 어떤 나무는 3주 동안 31cm나 자란 경우도 있었다. 그러나 이런 성장 속도로는 말레이시아의 사브에 있는 가장 빠르게 자라는 알바시아Albizzia falcate를 따라잡을 수 없다. 이 나무는 1974년 13개월 동안에 10.74m나 자랐는데, 이는 매일 2.79cm씩 자랐다는 것을 뜻한다.

공룡 나무

세계에서 가장 오래된 나무 종류는 중국 동부에서 자라는 은행나무Ginko biloba다. 현대의 은행나무와 비슷한 은행나무 화석이 쥐라기 암석에서 발견되었다. 이는 지구에 공룡이 번성하던 시기에도 은행나무가 자라고 있었다는 것을 의미한다.

1964년 '프로메테우스Prometheus'라고 불리던 강털나무가 지리학을 공부하던 열정이 지나친 한 학생에 의해 베어졌다. 자신이 사는 지역에서 자라는 나무들의 나이를 조사하던 그 학생은 미국 산림청의 허가를 받아 나이테를 이용하여 나무의 나이를 알아보기 위해 수령이 4,862년이나 되는 이 나무를 잘랐다. 그는 그 당시 지구상에서 가장 나이가 많은 나무를 베어버린 것이다.

모든 나무가 물에 뜨는 것은 아니다. 흑단나무, 뱀무늬나무, 녹심목, 리드우드, 워마라 그리고 여러 종의 경질재를 포함하여 적어도 28종의 나무는 물에 가라앉는다.

움직이는 나무통

세계에서 가장 큰 균체는 미국 오리건 주 북동부에 있는 말루어 국립공원에서 발견되었다. 균체의 넓이는 8.9km^{2}였는데 이는 1,665개의 미식 축구장 넓이와 맞먹는 정도의 크기였다. 2,400년 된 이 균체는 아밀라리아 오스토야Armillaria ostoyae라고 불리는 뽕나무버섯의 일종으로, 숲에서 나무뿌리를 공격한다.

거대한 씨

아프리카 세이셸Seychelles에 있는 '코코 드 머' 또는 '더블 넛'이라고 불리는 농장에서 생산한 더블 코코넛Lodoicea maldivica은 세계에서 가장 큰 씨를 맺는 식물이다. 이곳에서 생산된 코코넛 중에는 무게가 23kg이나 되는 것도 있다. 코코넛나무들은 섬 사이에 분포하는데, 코코넛이 바다에 떨어져 해변으로 밀려와 발아한다.

세이셸에 있는 코코넛나무

맹그로브 습지

맹그로브는 열대 지방이나 아열대 지방의 염수에서 자라는 식물이다. 일부는 잎에서 염분을 제거하는 방법으로 살아가며, 또 다른 종류의 맹그로브는 뿌리를 통해 소금이 흡수되는 것을 막는다. 맹그로브의 뿌리와 가지는 해변이 침식되는 것을 방지하고, 새끼 물고기들이 살아갈 장소를 제공하며, 많은 바다 동물들과 바닷새의 서식처를 제공하는 등 아주 중요한 역할을 한다. 전 세계적으로 세 가지 형태로 구분할 수 있는 50여 종의 맹그로브가 자라고 있다.

형태	장소
레드 맹그로브	물가에서 자라며, 받침대처럼 보이는 뿌리를 가지고 있는 이 나무는 해변을 걷고 있는 것처럼 보인다.
블랙 맹그로브	육지 가까운 곳에 자란다. 손가락 모양의 통기근을 주위의 진흙 속에 박고 산다.
화이트 맹그로브	가장 상류에서 자라며, 뿌리가 보이지 않는다.

거대한 습지

세계에서 가장 큰 맹그로브 습지는 방글라데시와 인도에 있는 순드라반이다. 사슴, 염수 악어, 식인 호랑이인 벵골호랑이가 400마리 정도 이곳에 서식하고 있다. 공식 통계에 의하면 매년 34명이 호랑이에게 목숨을 잃는다.

상어 유아원

바하마의 비미니 라군에는 4월과 6월 사이에 암컷 레몬상어가 찾아온다. 레몬상어의 새끼들은 위험을 피해 해변에 있는 레드 맹그로브 안으로 헤엄쳐 들어간다. 그리고 얼마 지나지 않아 이곳은 나이가 다른 상어들로 가득 차게 된다. 작은 상어들은 큰 상어들에게 잡아먹힌다. 상어는 같은 종류의 작은 상어도 잡아먹는다. 새끼 레몬상어는 여러 해 동안 습지에 머물면서 네 살이 되어 길이가 1m 정도 되면 길이가 60cm인 다른 상어를 잡아먹는다.

맹그로브게

피들러(바이올린)가재는 맹그로브 숲에 산다. 수컷은 자신의 몸만큼 크고 색깔이 요란한 1개의 집게발을 가지고 있으며, 암컷은 크기가 비슷한 2개의 집게발을 가지고 있다. 수컷은 커다란 집게발을 빠르게 아래위로 움직여 암컷을 유혹하거나 다른 수컷에게 경고를 보낸다. 이 가재의 영어식 이름은 진흙에서 작은 집게발을 큰 집게발로 쓰다듬으면서 입으로 움직이는 동작이 바이올린을 켜는 것과 비슷한 데서 유래했다. 집게발의 움직임으로 인해 이 가재는 여러 언어에서 다양한 이름으로 불리고 있다.

피들러Fiddler(바이올린) 또는 부르는 게(영어)

캔그레호 비올리니스타Cangrejo Violinista(스페인), 카랑구에호 비올리니스타Caranguejo Violinista(포르투갈)

참마 마래Chama Mare(브라질) '파도를 부르는 자'

귀머거리 게Deaf-ear crab(자메이카): 이 게의 배설물이 귓병이나 청각질환을 치료할 수 있다는 믿음에서 유래한 이름

피버 게Fever crab(바바디안) '열나는 게'

마에스트로 사스트르Maestro-sastre(페루) '마스터 양복장이'

시호 마네키Siho Maneki(일본) '파도가 돌아오라고 부름'

빈커크라베Winkercrabbe(독일) '손 흔드는 게'

물 밖으로 나온 물고기

인도네시아와 보르네오에 있는 맹그로브 숲에는 자이언트 말뚝망둥어가 살고 있다. 이 물고기는 물속에서 생활하는 시간과 거의 같은 시간을 물 밖에서 생활한다. 길이가 20~27cm인 진흙에서 살고 있는 가장 큰 물고기로, 다른 종류들이 식물성 먹이를 먹는 반면 이 물고기는 육식을 한다. 밀물 때 이 망둥어는 물속에서 진흙 속에 사는 다른 작은 물고기를 잡아먹는다. 그리고 썰물 때는 진흙 위에 있는 곤충, 게, 새우 등을 잡아먹는다.

이 물고기들이 숨을 쉬는 방법은 매우 독특하다. 이 물고기들은 물 밖에서 살아가기 위해 커다란 주머니 속에 물을 채운 뒤 막는다. 수분이 있으면 입의 뒤쪽, 목구멍, 피부로도 산소를 들이마실 수 있다. 또한 꼬리지느러미를 이용하여 진흙을 건너뛰어 맹그로브에 기어 올라갈 수 있다.

7

극 지방

❄ 빙판

지구에는 2개의 커다란 빙판이 있다. 영구 얼음으로 덮인 넓이 1,372만km^2의 남극 빙판과 넓이가 180만km^2인 그린란드의 빙판이다.

남극 빙판

지구 얼음의 90%는 남극 대륙에 있다. 그런데 그 얼음이 사라지기 시작했다. 2002년 3월에 거대한 빙산이 '라르센Larsen B'라고 불리는 남극 대륙의 해안을 표류하다가 작은 빙산으로 조각났다. 이 빙산은 넓이가 런던의 면적보다 큰 3,250km^2였고, 두께는 200m, 무게는 무려 5억 t이나 되었다. 이 거대한 빙산이 분해되는 데는 한 달도 채 안 걸렸다. 이것은 빙하에서 빙산이 더 쉽게 떨어져 나올 수 있다는 것을 의미하므로 빙판은 더욱 얇아질 것이다.

이 지역은 현재 눈에 의해 채워지는 얼음보다 더 많은 얼음을 빙산에 빼앗기고 있다. 만약 남극 반도의 모든 얼음이 녹는다면 지구의 해수면은 지금보다 0.3m 높아질 것이며, 서부 남극 빙판이 녹는다면 해수면의 높이는 훨씬 높아질 것이다.

그린란드 빙판

그린란드 빙판의 가장자리가 녹아내리는 동안 중앙 부근의 얼음은 매년 6cm씩 두꺼워지고 있다. 이는 겨울에 더 많은 눈이 내리기 때문이다. 또한 열대 고기압과 극 지방 저기압 사이의 대규모 대기 질량의 시소게임인 북대서양 진동에 의한 것이기도 하다. 그린란드의 빙판이 녹는다면 해수면이 많이 높아질 것이고 걸프 해류 같은 해류의 흐름도 바뀔 것이다. 이는 유럽의 북동 지방은 물론 전 세계 기후를 크게 바꿔놓을 것이다.

❄ 빙산

빙산은 빙하의 빙판에서 갈라져 나와 바다에 떠다니는 얼음 덩어리다. 북극 지방의 빙산은 평균 길이가 180m이고, 높이는 45m 정도다. 이 중 8분의 1은 수면 위로 올라와 있지만, 나머지는 물에 잠겨 있다.

거대한 빙산

5년 동안 지구상에서 물 위에 떠다닌 가장 큰 빙산은 병처럼 생긴 B15-A 빙산이었다. 원통형의 이 빙산은 길이가 120km, 넓이는 3,100km^{2}나 되었다. 이것은 2000년 3월 로스 빙벽에서 떨어져 나온 것으로, 길이가 300km이고 너비가 40km인 B-15 빙산에서 떨어져 나온 가장 큰 조각이었다.

2005년 3월에 B15-A는 맥머도사운드의 입구를 막아 배들의 항해를 불가능하게 했으며, 황제펭귄의 산란지와 먹이를 찾는 장소 사이를 막아 황제펭귄이 오가지 못하도록 했다.

2005년 10월 28일, 이 빙산은 9개로 갈라졌다.

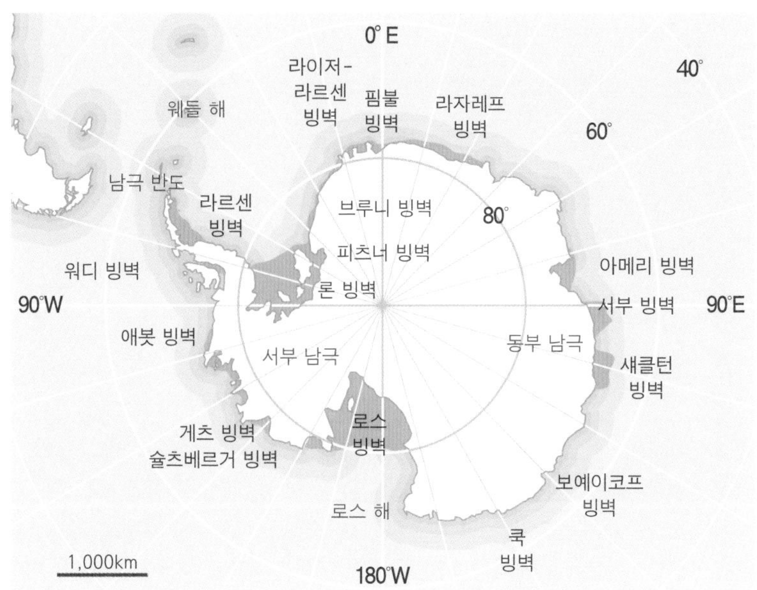

지구의 얼음 대부분을 가지고 있는 남극 대륙의 여러 빙벽

얼어붙는 바다

극 지방 부근의 바다는 가을이나 초겨울부터 얼기 시작한다. 먼저 바다 표면에 작은 얼음 조각이 생겨서 점차 굳어진다. 바람이 불면 표면이 둥근 팬케이크 모양으로 갈라진다. 24시간 안에 얼음은 20cm씩 두꺼워질 수도 있다. 솟아오르는 물로 인해 얼음이 부빙으로 갈라지기도 하지만, 한겨울이 되면 부빙은 두께 2m 정도의 큰 얼음판으로 합쳐진다.

얼음 연못

겨울에 북극해와 남빙해 전체가 얼어붙는 것은 아니다. 빙호Polynias라고 불리는 얼지 않는 물로 이뤄진 연못이 곳곳에 분포하는데, 해변 가까이 있는 빙호는 강한 바닷바람에 의해 형성되고, 바다 한가운데 생기는 빙호는 아래쪽에서 올라오는 따뜻한 물 때문에 만들어진다.

북극곰

육지에 사는 가장 큰 육식동물은 북극곰이며, 북극은 북극곰의 영역이다. 온몸이 두꺼운 지방층과 모피로 둘러싸인 북극곰은 모든 것이 얼어붙는 북극의 겨울을 좋아한다. 북극곰은 얼음 위에

북극곰과 새끼들: 알래스카 보포드 해(Beauford Sea)

서 바다사자를 사냥해서 살아간다. 놀라운 후각 능력을 이용하여 북극곰은 바다사자가 숨 쉴 때 내는 냄새를 쉽게 알아내 작은 구멍을 찾는다. 그리고는 바다사자가 돌아올 때까지 끈질기게 기다렸다가 앞발로 바다사자의 목을 잡아챈다.

북극곰의 가장 바깥쪽에 나 있는 긴 털에는 구멍이 뚫려 있고 투명하다. 그런데 최근 실험에 의하면 이 털이 햇빛의 자외선을 북극곰의 검은 피부에 전달한다는 것은 사실이 아닌 것으로 밝혀졌다.

북극곰의 이동

북극곰은 겨울 동안 얼음을 타고 이동한다. 어떤 북극곰은 수천 km를 이동하기도 한다. 북극곰의 활동 영역은 북극곰이 사는 곳에 따라 다른데 캐나다의 북극해에 분포한 섬의 북극곰은 5만 km^2 정도 되고, 베링 해와 축치 바다에 사는 북극곰과 같이 넓은 지역을 이동하는 경우에는 35만 km^2나 된다. 북극곰은 하루에 30km씩 여러 날 동안 쉬지 않고 이동한다. 그러다가 봄이 되어 얼음이 녹으면 얼음을 따라 북쪽으로 올라가거나 섬이나 육지에서 동면을 하면서 보낸다.

북극여우는 겨울에 곰이 남긴 먹이를 얻어먹기 위해 종종 얼음 위에서 북극곰을 따라다닌다. 그러다가 여름이 되면 기러기나 야생오리가 새끼를 키우는 해변이나 툰드라 고원에서 먹이를 구한다.

❄ 북극고래

북극해에는 세 종류의 고래가 서식하고 있다.

북극고래: 길이가 20m 정도 되며, 북극해에 서식하는 고래 중에서 가장 크다. 북극고래는 익족류, 크릴, 새우 등을 잡기 위해 물 위를 스치듯이 날아간다. 북극고래는 일 년 내내 북극해에서 보내며, 60cm 두께의 얼음을 깰 수 있다.
흰돌고래: 북극해에 사는 흰고래의 일종으로, 새처럼 고개를 돌릴 수 있는 특이한 고래다. 여름에는 많은 수가 강어귀로 들어와 허물을 벗는다. 흰돌고래는 몸길이가 5m까지 자란다.
일각고래: 수컷은 2개의 이빨 중 하나가 윗입술을 통해 3m까

지 길게 자란다. 이 이빨은 다른 수컷과 싸울 때 사용된다. 이 고래는 흰돌고래와 비슷한 크기다.

❄ 북극 바다사자

북극해에는 7종의 바다사자가 살고 있다. 가장 큰 것은 바다코끼리이고, 얼룩큰점박이바다표범은 가장 작지만 개체수는 가장 많다. 이들은 일 년 내내 북극해에서 생활한다.

바다코끼리: 거대한 바다사자의 일종으로 길이가 3.2m나 되고, 몸무게는 1,210kg이나 되며, 아래 방향으로 55cm까지 곧게 자라는 어금니를 가지고 있다. 이 어금니는 먹이를 찾을 때 사용하는 것이 아니라 사슴의 뿔과 마찬가지로 나이와 몸 상태를 나타낸다. 바다코끼리는 단단한 윗입술과 입에서 뿜어져 나오는 고압의 물을 이용하여 개펄에서 조개 등 먹이를 캐낸다.

코주머니바다표범: 코주머니바다표범의 수컷은 2.7m까지 자라며, 독특한 방법으로 코를 사용한다. 이들은 한쪽 내벽을 다른 쪽 코로 밀어 넣은 다음 붉은 방광처럼 부풀릴 수 있다. 또는 코 전체를 둥글납작한 검은 후드처럼 부풀리기도 한다. 이것은 암컷을 유혹하거나 다른 수컷을 위협하는 데 사용된다. 암컷은

잔점박이바다표범: 알래스카 부근의 베링 해

3월과 4월 초에 바다 얼음 위에서 새끼를 낳는데 4일 후에 젖을 뗀다. 코주머니바다표범은 포유류 중에서 가장 일찍 젖을 떼는 동물이다.

하프바다표범: 하프바다표범의 새끼는 새하얀 털로 유명하여 '화이트 코트'라는 이름으로 불리기도 한다. 코주머니바다표범과 마찬가지로 하프바다표범도 젖을 일찍 떼는데, 이들은 새끼를 낳은 후 10~12일 후면 젖을 뗀다. 수컷은 1.7m까지 자라며, 암컷은 수컷보다 약간 작다. 이들은 물고기를 사냥할 때 15분 동안에 275m를 달린다.

얼룩점박이바다표범: 얼룩점박이바다표범은 바다 얼음 위에 있는 눈이 쌓인 둔덕 위에 새끼를 낳는다. 이런 둔덕에는 북극곰으로부터 어미와 새끼가 피신할 수 있는 구멍이 뚫려 있다. 길이가 1.5m 정도인 얼룩점박이바다표범은 북극에서 가장 작은 바다표범이지만, 넓은 지역에 분포해 있다. 북극에는 약 600만 마리의 얼룩점박이바다표범이 있는 것으로 추정되며, 북극 바다표범 중에서 가장 많은 수가 서식하고 있다.

세계에서 가장 희귀한 바다표범은 몽크바다사자다. 이들은 북극해가 아니라 지중해 연안이나 서부 아프리카 해안 같은 아열대 지역에 산다. 몽크바다사자는 지중해와 서부 아프리카 해안에 약 500마리, 하와이에 약 1,300마리 정도 살고 있다.

❄ 남극의 작은 신사들

남극 대륙에는 몸집이 큰 육식동물이 없기 때문에 모든 일은 바닷속에서 일어난다. 펭귄 같은 일부 새들 역시 하늘을 나는 것을 포기한 대신 날개를 지느러미처럼 사용하여 바닷속을 날아다닌다. 펭귄에는 16종류가 있는데, 이 중 8종은 남빙양에서 일생을 보낸다. 이들은 알을 낳기 위해 바다를 떠나 남극 대륙이나 주변의 섬에 상륙한다.

명칭	키 (최대, cm)	몸무게 (최대, kg)	서식지
황제펭귄	120	40	남극
아델리펭귄	70	4	남극
친스트랩펭귄	72	5	남극과 주변 섬
젠투펭귄	76	6	남극, 포클랜드 섬
킹펭귄	90	16	남극 주변의 섬
마카로니펭귄	71	6	남극 주변의 섬
록호퍼펭귄	58	4	남극의 섬, 포클랜드 섬
로열펭귄	70	5.5	태평양의 매쿼리 섬
이렉트-크레스티드펭귄	60	4	남극 주변의 섬
옐로아이드펭귄	79	6	남극 주변의 섬과 뉴질랜드

황제펭귄: 가장 큰 펭귄으로 키가 1.3m나 되고 몸무게는 20~45kg나 된다. 구애할 때는 밝은 노란색 귀털을 내보인다. 추위를 이기기 위해 황제펭귄들은 좁은 지역에서 서로 몸을 밀착한다. 암컷은 1개의 알을 낳는데, 수컷은 이 알을 발등 위에 올려놓고 피부로 감싸서 보호한다. 그동안 암컷은 먹이를 찾기 위해 바다로 나간다.

아델리펭귄: 남극에 사는 펭귄 중에서 몸집이 가장 작다. 바닷속에서 빠르게 헤엄칠 수 있으며, 물에서 직접 육지로 뛰어오를 수 있다. 새끼들에게 먹이를 게워 먹이기 전에 어미를 따라다니도록 한다.

친스트랩펭귄(턱끈펭귄): 전 세계에 가장 많이 분포하는 친스트랩Chinstrap펭귄은 1,300만 마리 정도로 추정된다. 이들은 목 아래 있는 검은 선 때문에 이런 이름을 갖게 되었으며, 높은 음의 울음소리를 내기 때문에 '석수장이 펭귄'이라는 별명도 가지고 있다.

젠투펭귄: 한쪽 눈에서 다른 쪽 눈까지 머리 위에 나 있는 흰색 줄과 주황색 부리로 다른 펭귄들과 구별되는 젠투펭귄은 남극반도에서 알을 낳는다. 그러나 이들의 주 서식지는 날씨가 좀 더 온화한 포클랜드 섬이다. 이곳에는 30만 마리 정도가 서식하고 있다.

킹펭귄: 두 번째로 큰 펭귄이다. 황제펭귄과 크기나 모습이 비슷하지만, 황제펭귄의 노란색 귀털과는 다른 주황색 귀털을 가지고 있다. 새끼를 기르는 데 약 10~13개월이 걸리기 때문에 2년에 한 번씩 새끼를 낳는다.

마카로니펭귄: 18세기에 한 영국 탐험가가 머리에 노란색 깃털 장식을 한 이 펭귄을 처음 보았을 때 머리 위에 깃털 장식을 단 모자를 쓰기 좋아했던 사교계 유명 인사를 떠올렸다. 그 사교

계 인사의 이름이 마카로니였기 때문에 이 펭귄은 오늘날까지도 '마카로니펭귄'이라고 불린다.

록호퍼펭귄: 록호퍼Rockhopper라는 이름은 바위 위에서 뛰어다닐 수 있는 특수한 능력 때문에 붙여졌다. 마카로니펭귄처럼 벼슬을 가지고 있으며, 긴 눈썹 모양의 노란색 깃털 장식도 있다. 새끼를 낳고 4주가 지나면 부모는 새끼를 버린다. 새끼들은 체온을 유지하고 도둑갈매기 같은 천적을 피하기 위해 여러 마리가 무리를 지어 생활한다.

벼슬이 있는 또 다른 펭귄: 로열펭귄도 노란색 눈썹 모양의 깃털 장식을 가지고 있으며, 남극 대륙과 주변 섬에 서식하고 있다. 이렉트-크레스티드Erect-crested펭귄은 부리에서 나온 노란색 벼슬을 가지고 있다. 이들은 바운티 섬이나 주변의 바위 위에서 발견된다.

옐로아이드펭귄: 남극 대륙 주변의 섬과 뉴질랜드의 남 섬에 서식하는 옐로아이드Yellow-eyed펭귄은 세 번째로 큰 펭귄으로, 희귀한 펭귄 중의 하나다.

표범물개: 최고의 포식자

황제펭귄의 최대 적은 포유류라기보다는 파충류처럼 보이는 표범 물개로, 북극의 왕인 북극곰과 같은 위치를 남극에서 차지

먹이를 잡아먹고 있는 표범물개

하고 있다. 이들은 또한 점이 나 있는 날씬한 몸을 갖고 있으며 몸길이가 3.2m에 이른다. 큰 입과 날카로운 송곳니를 가지고 있어 펭귄 같은 먹잇감을 쉽게 잡을 수 있다.

이들은 게를 잡아먹는 다른 작은 물개들을 잡아먹는 유일한 물개로, 단독 생활을 한다.

남극의 물개들

게먹이물개: 이름과는 달리 게가 아니라 크릴새우를 잡아먹는다. 이들은 서로 맞물려 체를 만들 수 있는 이빨을 가지고 있는

데, 이것을 이용하여 크릴새우를 잡아먹는다. 때로는 물고기나 오징어를 잡아먹기도 하며 남극 주변의 얼음 위에서 산다.

웨들물개: 웨들물개는 포유류 중에서 가장 남쪽에 살고 있다. 이들이 살고 있는 맥머도사운드는 남극에서 약 1,287km 정도 떨어져 있다. 웨들물개는 주로 바다 얼음 사이에 살며 겨울이 되면 이빨을 이용하여 얼음으로 올라갈 때 사용하는 숨구멍이 얼지 않도록 한다.

로스물개: 관찰이 쉽지 않은 물개다. 1970년대까지 살아 있는 이 물개를 실제로 본 사람은 100명이 넘지 않는다. 가까이 다가가면 '처깅Chugging'이라는 떨리는 소리를 내면서 고갯짓을 한다.

세계에서 가장 작은 물개는 적도 지방에 살고 있다. 갈라파고스물개는 갈라파고스 제도 인근의 차가운 물속에서 밤에 물고기, 문어, 오징어 등을 잡아먹고 산다.

남극 주변에 사는 물개들

북쪽으로 흐르는 남극의 바닷물과 남극 주변의 물이 만나는 남극 수렴선의 북쪽과 남쪽에는 여러 개의 섬과 군도들이 있다. 남극 수렴선 남쪽에 있는 섬들은 남극 물개의 서식지가 되고, 북쪽에 있는 섬들은 펭귄들이 산란 계절에 들르는 곳이다.

이 섬들에는 여러 종류의 바다사자와 바다표범이 서식하며, 그중에는 후커바다사자와 남쪽코끼리바다사자도 있다.

앨버트로스: 바다의 방랑자

가장 큰 날개를 가진 새가 남쪽 하늘을 날고 있다. 바다의 나그네 앨버트로스(신천옹)의 날개 길이는 3m나 된다. 이 새는 큰 날개를 이용해 바람을 타고 날 수 있어서 큰 힘을 들이지 않고도 먼 거리를 이동할 수 있어 바다의 넓은 지역을 활동 영역으로 하고 있다.

수컷과 암컷은 날개와 몸의 비율이 달라 서로 다른 지역에서 활동한다. 날개의 양력이 더 큰 수컷은 폭풍이 좀 더 자주 부는 남극과 남극 부근 지역의 하늘을 날아다니고, 암컷은 좀 더 북쪽에 있는 상대적으로 조용한 아열대 하늘을 날아다닌다.

암컷이 둥지에서 알을 품는 33일 동안에 수컷이 먹이를 찾기 위해 날아다니는 거리는 9,345km나 된다.

오존 구멍

남극을 연구하는 과학자들이 남극 대륙에서 생명체들을 찾아다니고 얼음 상태를 연구하는 동안 남극의 하늘에서 일어나는 일에 관심을 기울이는 과학자들도 있다.

1985년에 영국의 과학자들은 남극 대륙 위에 있는 지구의 보호막인 오존층에 구멍이 생긴 것을 발견했다. 성층권에 형성되어 있는 오존층은 피부암을 유발하거나 식물을 파괴하는 태양의 해로운 자외선으로부터 생명체를 보호해주고 있다.

매년 8~12월 사이에 오존층에 만들어지는 이 구멍은 지난 20년 동안 매우 커져 줄어들 기미를 보이지 않고 있다.

하늘의 불꽃놀이

극 지방에서 일할 기회가 있는 운 좋은 사람들은 밤하늘을 바라보면 자연이 만들어내는 최대의 장관인 오로라를 직접 볼 수 있을 것이다. 북극 지방에서는 오로라 보레알리스Aurora borealis, 남극 지방에서는 오로라 오스트랄리스Aurora australis라고 부르는 오로라는 한 번 보면 절대로 잊을 수 없는 멋진 추억이 될 것이다.

움직이는 초록색, 짙은 분홍색, 푸른색 커튼이 하늘을 가득히 채우는 오로라는 때때로 희미한 소리를 동반하기도 한다.

오로라는 태양에서 날아온 입자들이 만들어낸다. 태양에서 불

알래스카에서 관측된 오로라 보레알리스

어오는 전하를 띤 입자들의 흐름을 '태양풍'이라고 부르는데, 이 입자들이 지구 자기장에 잡혀 북극과 남극의 하늘로 이동한 다음 전리층의 공기 분자와 충돌하여 빛을 내게 된다.

8

지구상의 식물군과 동물군

생명의 왕국

과학자들은 린네 체계를 이용하여 생명체들을 분류한다. 이 체계의 명칭은 창안자인 스웨덴의 자연학자 카를 폰 린네Karl von Linne(라틴어 이름 Carrolus Linnaeus)의 이름을 따서 지어졌다.

이 체계에 의해 인간을 분류하면 다음과 같다.

계	**동물계** Animalia				
문	척삭동물문 Chordata				
아문	척추동물아문 Vertebrata				
강	포유강 Mammalia	어강	양서강	파충강	조강
목	영장목 Primates				
과	사람과 Hominidae				
속	호모속 Homo				
종	사피엔스종 sapiens				

종

과학계에 알려진 종의 총수: 175만 종

곤충의 종수 비율: 3분의 2

존재할 것으로 추정되는 종의 총수: 1,000만~1억 종 사이(대략 1,400만 종)

멸종한 종의 비율: 99%

벌보다 몸집이 작은 종의 비율: 99%

린네는 식물계와 동물계의 두 계만 있다고 믿었지만, 오늘날 과학자들은 적어도 5개의 서로 다른 계로 생명체를 분류한다. 자세한 내용은 다음 표와 같다.

계	구조적 특징	영양 섭취 방법	형태	명칭이 부여된 종의 수	종의 총수 (추정치)
원핵 생물계	핵이 핵막으로 둘러싸여 있지 않은 원핵세포 하나로 이뤄진 생명체로, 사슬을 형성하기도 함	먹이 흡수	박테리아, 남조류, 스피로헤타	4,000종	100만 종
원생 생물계	핵막으로 둘러싸인 핵을 가진 진핵세포로 이뤄진 단세포 생물로, 사슬이나 군체를 만들기도 함	먹이 소화. 광합성 작용	원생동물 여러 가지 형태의 조류	8만 종	60만 종
균계	진핵세포로 이뤄진 섬유 형태의 다세포 생물	먹이 흡수	세균, 버섯, 이스트, 곰팡이, 깜부기	7만 2,000종	150만 종
식물계	스스로 이동할 수 없는 특수한 형태의 진핵세포들로 이뤄진 다세포 생명체	광합성 작용	이끼, 고사리, 꽃이 피는 풀과 나무	27만 종	32만 종
동물계	스스로 이동할 수 있는 특수한 기능을 수행하는 진핵세포로 이뤄진 다세포 생물	먹이 소화	해면동물, 지렁이, 곤충, 물고기, 양서류, 파충류, 새, 포유류	132만 6,239종	981만 2,298종

세계의 야생 동물

지구상에는 1,500만 종이 넘는 식물과 동물이 있다. 그러나 아직도 수백만 종의 생물이 발견되기를 기다리고 있다. 예를 들면 세균 중에는 발견된 것이 7만 종 정도 되지만, 적어도 150만 종은 아직도 발견되지 않고 있다. 꽃이 피는 식물은 적어도 약 26만 종이 알려져 있으며, 1g의 토양 속에는 4,000~5,000마리 정도의 세균이 들어 있다. 알려진 동물의 3분의 2는 곤충이다. 이 중 30만 종은 딱정벌레인데, 생물학자 J. B. S. 할데인Haldane은 딱정벌레가 이렇게 많아진 것은 "신이 딱정벌레를 지나치게 편애

아마존에서 멸종 위기에 처한 종의 하나인 재규어

했기 때문"이라고 말했다.

아마존 동물원

남아메리카에 있는 아마존 유역은 면적이 700만 km^2나 되는 세계에서 가장 넓은 열대우림 지역이다. 열대우림 지역은 식물과 동물의 밀도가 가장 높은 지역일 뿐만 아니라 가장 다양한 종들이 분포하는 지역이기도 하다. 따라서 아마존은 세계에서 가장 중요한 생물자원을 보유하고 있는 곳으로, 2,000종의 짐승과 새의 서식처이자 수십만 종의 식물과 250만 종의 곤충이 살아가는 곳이다.

심해 생명체들

심해는 초롱아귀에서 '지옥에서 온 뱀파이어 오징어'에 이르기까지 빛나는 눈, 지나치게 큰 송곳니, 커다란 입을 가진 이상하게 생긴 생명체들이 변화무쌍한 광경을 연출하는 곳이다. 깊은 바다의 짙은 어둠 속에서 살아가기 때문에 이들은 사람의 눈에 거의 띄지 않았다.

가장 깊은 바닷속에 사는 물고기는 과학자들이 거의 아는 것이 없는 브로툴리드Brotulid다. 제대로 알지 못하고 있는 것은 저어[Benthopelagic](바다 밑바닥 가까이 사는 심해어)도 마찬가지다. 이들은 깊이가 7km 이상인 해저에서 살아가고 있다.

지금까지 발견된 가장 깊은 곳에 살고 있는 물고기는 세계에서 두 번째로 깊은 푸에르토리코 해구에서 발견된 아비소브로툴라 갈라세아[Abyssobrotula galatheae]로 깊이가 8.4km인 해저에서 발견되었다.

귀신 물고기(Anoplogaster cornuta)는 팡투쓰(Fangtooth) 또는 오거피시(Ogrefish)로도 불리며 4,880m 깊이의 열대와 온대 바다 아래에서 발견된다.

산호초와 생명의 다양성

산호의 구조는 상어나 창꼬치고기 같은 육식 물고기로부터 작은 물고기들이 안전하게 피할 수 있는 장소를 제공한다. 그래서 해면동물, 연체동물, 굴, 조개, 게, 새우, 성게, 거북 그리고 많은 종류의 물고기들이 산호초에서 먹이를 구하고 피신할 곳을 찾는다.

세계 환경문제연구소에서 발표한 자료에 의하면 산호초는 바다 면적의 0.3%를 차지하고 있지만, 바다 생물 종의 4분의 1, 바다에 살고 있는 물고기의 적어도 65%가 산호초에 살고 있다.

가장 크고, 가장 빠르고, 가장 희귀한 동물들

누가 지구를 지배하고 있을까? 사람들은 인류가 지구의 동물 세계에서 가장 강력한 영향력을 행사하고 있다고 생각한다. 그러나 지구상에 살고 있는 동물 중에서 총 몸무게가 가장 많이 나가는 동물은 개미다.

모든 개미의 몸무게의 합은 지구상에 살고 있는 모든 동물의 몸무게 합의 15%나 된다고 알려져 있다.

여러 가지 분야에서 기록을 보유하고 있는 동물들은 다음과 같다.

가장 큰 동물: 흰긴수염고래(몸길이 34m, 몸무게 190t)

가장 큰 육상 동물: 아프리카코끼리(키 4m, 몸무게 7t)

가장 키가 큰 동물: 기린(키 6m)

가장 큰 파충류: 바다악어(길이 5m, 몸무게 520kg)

가장 긴 뱀: 그물비단구렁이(길이 10m)

가장 긴 물고기: 고래상어(길이 12.5m)

가장 큰 새: 타조(높이 2.8m, 몸무게 156.5kg)

가장 큰 양서류: 왕도롱뇽(길이 1.8m)

가장 큰 곤충: 대벌레(길이 38cm)

세계에서 가장 큰 물고기: 잠수부와 함께 헤엄치는 고래상어

가장 빠른 동물

세계에서 가장 빠른 동물은 160~320km/h의 속력으로 먹잇감을 사냥할 수 있는 송골매다. 육지에서 가장 빠른 동물은 112km/h의 속력으로 달릴 수 있는 치타지만, 치타는 아주 짧은 거리에서 달아나는 먹잇감을 쫓아갈 때만 이런 속력을 낼 수 있다. 미국사슴은 1.6km의 거리를 67km/h의 속력을 유지하면서 달릴 수 있다.

가장 희귀한 동물

거대한 대왕오징어의 존재는 오래전부터 알려져 있었다. 죽은 대왕오징어가 파도에 밀려 해안에 도달하기도 하고, 선원들이 수 세기 동안 촉수가 달린 바다 괴물 목격담을 전해주었기 때문이다. 그러나 2004년이 되어서야 북태평양에서 일본 과학자들이 수심 900m의 심해에서 수중 카메라를 이용하여 살아 있는 대왕오징어를 촬영하는 데 성공했다.

대왕오징어가 얼마나 크게 자랄 수 있는지에 대해서는 알려져 있지 않지만, 길이는 10~18m까지 자라는 것으로 추정되며, 커다란 검은 눈의 지름은 50cm나 되는 것으로 보인다. 최근에 발견된 증거에 의하면 대왕오징어는 매우 공격적인 포식자다.

동물들이 먹는 것

동물들은 크게 육식동물, 초식동물, 잡식동물로 나눌 수 있다.

고기를 먹는 동물은 육식동물에 속한다. 육식동물은 고기만 먹는 동물로, 식물을 소화할 수 있는 소화기관이 없으며 이들이 식물을 먹을 때는 토하고 싶을 때뿐이다. 육식동물의 또 다른 부류로는 주로 곤충을 먹고 사는 동물이 있으며, 마지막으로 동족을 잡아먹는 동종포식동물이 있다. 동종포식동물에는 여러 종류의 거미, 전갈, 사마귀, 악어 그리고 두꺼비와 개구리가 있다. 토끼, 햄스터, 침팬지 그리고 인간도 동족포식동물로 분류된다.

초식동물은 식물만 먹는 반면 잡식동물은 식물과 고기를 모두 먹는다. 잡식성은 먹이를 구할 기회가 훨씬 많기 때문에 살아남기 위해 훨씬 좋은 전략이 될 수 있다. 잡식성 동물에는 사람, 다른 영장류, 곰, 돼지, 까마귀, 쥐 그리고 개가 있다. 이들은 모두 매우 영리한 방법으로 먹이를 구하는 동물들이다. 그 밖에도 동물들에는 다음과 같은 종류가 있다.

잔사식동물: 배설물이나 부패한 물질을 먹는 동물

과즙을 먹고 사는 동물: 과일이나 식물의 즙을 먹고 사는 동물

진흙을 먹는 동물: 진흙을 먹고 사는 동물

흡혈동물: 피를 먹고 사는 동물

부식동물식동물: 죽은 동물을 먹고 사는 동물

극한 환경에서 살아가는 동물

일부 동물은 포식자로부터 자신을 지키거나 극한의 기후 환경을 이겨내는 독특하고 놀라운 방법을 가지고 있다.

점액 주머니

먹장어를 물이 들어 있는 물통에 풀어놓으면 오래지 않아 물통은 끈적끈적한 점액으로 넘쳐나게 될 것이다. 점액은 먹장어를 포식자로부터 보호해준다. 포식자가 이 안에 들어오면 숨이 막혀 죽을 것이기 때문이다.

그렇다면 먹장어는 왜 점액 속에 있어도 숨이 막히지 않을까?

먹장어는 점액 속에서 살아남는 놀라운 방법을 알고 있는데, 기다란 몸으로 고리를 만든 다음 그 고리 사이로 몸이 빠져나가도록 해 몸에 묻은 점액을 제거할 수 있다.

민달팽이의 점액은 자기 몸 부피의 100배나 되는 물을 아주 빨리 흡수한다. 연구자들은 이 방법을 도입해 환경오염을 방지하기 위한 오수 처리나 병원에서 상처를 치료하는 데 응용하기 위한 연구를 진행하고 있다.

매일 저녁 열대 지방의 산호초에서는 비늘돌돔이 슬리핑백처럼 생긴 점액으로 만들어진 고치 안에 몸을 숨긴다. 점액 주머니는 비늘돌돔의 냄새가 새어나가 상어나 곰치 같은 야행성 포식자에게 들키는 것을 막아준다.

길이가 1.2m나 되는 세계에서 가장 긴 지렁이가 남아프리카에서 발견되었다. 1936년에 발견된 지렁이는 길게 늘였을 때의 길이가 6.7m나 되었다. 오스트레일리아에 사는 깁스랜드지렁이는 둘레가 2.5cm나 되고 길이는 1m였으며, 길게 늘였을 때는 4m나 되었다.

몹시 추운 곳에서 살아가는 동물들

웨타Weta: 뉴질랜드에 서식하는 고대 귀뚜라미처럼 생긴 웨타는 자신의 몸을 얼게 해 −10℃에서도 살아남을 수 있는 특별

영하의 온도에서도 살아남을 수 있는 놀라운 능력을 갖추고 있는 뉴질랜드웨타

한 능력을 갖추고 있다. 세포 안에 있는 물은 얼지 않고 세포 사이에 있는 물만 언다.

그릴로블라티드Grylloblattids: 빙하를 이루는 눈과 얼음 아래에 살고 있는 곤충이다. 단열작용을 하는 눈 아래의 온도가 −5℃ 아래로 내려가는 일은 매우 드물다. 이는 −5.8℃에서 죽는 그릴로블라티드에게는 적당한 온도다. 그릴로블라티드를 사람의 손에 얹어놓으면 열 때문에 죽어버리고 만다.

산개구리: 북아메리카에 서식하는 산개구리는 혈액 안에 동결을 방지하는 화학물질을 분비해 −8℃에서도 살아남을 수 있다. 이 화학물질은 모든 세포가 아니라 생명 유지에 필요한 핵심 세포에만 전달된다. 예를 들면 두뇌와 눈알에는 이 물질이 전달되지 않아 얼어붙는다.

중력에 도전하다

새는 날개를 이용하여 하늘을(때로는 아주 먼 거리를) 난다. 또 다른 동물들은 점프하거나 벽을 타고 오르는 것 같은 방법으로 중력을 극복한다.

위쪽을 향해 이동하다

높이뛰기: 영국에 서식하는 스피트버그Philaenus spumarius는 높이 뛰기 세계 챔피언으로, 70cm를 점프할 수 있다. 이것은 사람이 70층 높이의 건물을 뛰어넘는 것과 같다.

매달리기: 도마뱀붙이는 발에 있는 특수한 판을 이용하여 천장이나 수직 유리벽에 붙어 있다. 발에서 나오는 특수한 섬유는 매우 강해서 40g까지 지탱할 수 있다.

날갯짓: 벌새 중에는 1초에 100번 이상 날갯짓을 하는 것도 있다. 쿠바에 서식하는 꿀벌벌새는 벌새 중에서 가장 작으며, 골무 크기의 둥지를 튼다. 그리고 루비목벌새는 해마다 가을이 되면 미국 동부와 캐나다에서 중앙아메리카까지 3,300km를 이동한다.

하늘을 나는 닭: 집에서 사육하는 닭의 경우 13초 동안 난 것이 가장 긴 비행기록이다.

가장 큰 날개: 가장 큰 날개를 가지고 있는 새는 날개 길이가 3m나 되는 남빙양의 방랑자 앨버트로스다.

지구를 가로질러 난다

철새가 되기 위해서는 장을 포기해야 한다. 새들은 소화기관의 작동을 정지시키고 멀리 날아가는 데 필요한 연료를 저장하기 위해 장기들을 위축시킨다. 때문에 중간에 멈추어 먹이를 먹으려면 먼저 먹이를 소화할 수 있도록 장기를 다시 키워야 한다.

2003년에 북웨일스의 해안에서 발견된 집게제비갈매기Manx Shearwater는 지금까지 발견된 야생 조류 중에서 가장 나이를 많이 먹은 새였다. 이 새의 나이는 53세가 넘었으므로 적어도 800만 km를 난 셈이다. 이것은 지구를 200바퀴 도는 것과 같은 거리다.

1988년 가을에는 사막메뚜기 떼가 아프리카에서 대서양을 건너 카리브 해까지 날아왔다. 곤충 이동의 기록을 세운 이 메뚜기 떼는 아프리카에서 출발하기 전에 이미 먼 거리를 날아왔을 것이다.

먼 거리를 이동하는 제왕나비

원거리 이동

종류	거리(1년, km)	경로
검은집게제비갈매기	3만 5,400	뉴질랜드에서 북태평양에 이르는 8개의 경로 왕복
북극제비갈매기	3만 3,600	북극에서 유럽과 아프리카 해안을 따라 남극까지 왕복
제왕나비(성충)	4,000	캐나다 남부에서 멕시코까지 편도 여행
혹등고래	2만 920	남극에서 코스타리카까지 왕복
카리브순록	6,000	캐나다 퀘벡 북부의 툰드라를 가로지름
장수거북	1만 5,000	부화를 위해 남아메리카의 섬에서부터 해파리를 먹을 수 있는 북대서양까지 왕복
백상아리	2만	남아프리카에서 서부 오스트레일리아까지 왕복

언어, 감정, 몸짓 언어

동물들은 우리 인간과 마찬가지로 서로 말하고 부른다. 과학자들은 실험을 통해 일부 동물들은 감정을 느낄 수 있다고 믿게 되었다.

동물들이 내는 소리

딱총새우: 앞발로 만든 거품을 이용하여 큰소리를 낼 수 있다. 이 소리는 아주 커서 딱총새우가 많은 곳은 잠수함이 들키지 않고 지나갈 수 있다.

혹등고래: 동물 중에서 가장 긴 노래를 부르는 동물이다. 노래가 30분이나 계속되는 경우도 있는데 무리 중의 모든 혹등고래가 같은 노래를 부르며, 몇 주가 지나면 노래가 천천히 변한다.

아프리카코끼리 암컷: 사람이 들을 수 없는 낮은 주파수의 소리를 내는데, 이 소리는 사바나를 가로질러 10km 너머까지 전달되어 280km^{2}의 면적 안에 있는 수컷 코끼리들이 모두 들을 수 있다. 암컷의 '발정기간'은 매우 짧아서 그동안에 짝을 만날 기회를 가져야 한다. 그들은 소리로 발정을 알림으로써 수컷을 만날 가능성을 높인다.

흰긴수염고래와 긴수염고래: 이들은 세계에서 가장 시끄러운 동물들이다. 이들이 서로 부르는 낮은 주파수의 소리는 제트 엔진 소리보다 시끄러운 188데시벨로, 805km 밖에서도 들을 수 있다. 육상 동물 중에서 가장 시끄러운 동물은 하울러원숭이로 이들의 소리는 5km 떨어진 곳에서도 들을 수 있다.

이상한 소리: 지난 50년간 수중 음파를 통해 군대의 감시초소에서 딱딱거리는 소리를 들었지만 누구도 무슨 소리인지, 누가 내는 소리인지 알지 못했다. 2005년에야 과학자들은 이 소리

가 밍크고래 수컷이 내는 소리라는 것을 알아냈다.

동물의 감정

듀크 대학의 연구자들은 다른 원숭이의 사진을 보는 붉은털원숭이에게 상으로 과일 주스를 주는 실험을 했다. 그 결과 원숭이들은 성적으로 관심이 있는 암컷 원숭이와 몸 상태가 좋은 원숭이 사진을 가장 많이 본다는 것을 알아냈다.

볼링그린 대학의 연구자들에 의하면 개, 침팬지 그리고 쥐들도 감정을 보여주었다. 이 동물들을 간질이면 사람이 내는 것과 비슷한 웃음소리를 냈다. 개와 침팬지는 숨을 헐떡거렸고, 쥐들은 울음소리 같은 소리를 냈다.

혀를 멀리 뻗어라

시모토아 엑시구아Cymothoa exigua라는 발음하기도 어려운 이름을 가진 이 등각류는 로즈스내퍼Rose Snapper 물고기에 기생한다. 이 기생충은 물고기의 입에 들어가 혀를 먹어치우고는 물고기의 혀처럼 입안에 자리 잡은 뒤 물고기가 잡는 먹이 일부를 먹고 산다.

모르간의 마다가스카르스핑크나방Xanthopan morganii praedicta은 세

혀를 앞으로 내뻗고 있는 카멜레온

상에서 가장 긴 혀를 가지고 있다. 이 나방의 혀 길이는 35cm나 되는데, 긴 혀를 이용하여 마다가스카르의 콤멧난초 꽃 속에 깊숙이 있는 꿀을 빨아 먹을 수 있다.

카멜레온의 혀 길이는 몸길이의 두 배나 되며, 1초에 몸길이의 26배나 되는 빠른 속도로 앞으로 내뻗을 수 있다. 이는 22km/h의 속도와 맞먹으며, 끈끈한 혀끝의 가속도는 50G나 된다(우주왕복선 비행사들이 발사 시에 겪는 가속도는 3G다).

붉은등도롱뇽 암컷은 배설물의 냄새를 맡고 짝을 고른다. 배설물의 냄새는 그 도롱뇽이 어떤 먹이를 먹었는지에 따라 달라지므로 먹이를 구하는 능력을 나타낸다.

성에 대해 이야기해보자

사람과 마찬가지로 모든 동물은 종의 번식을 위해 짝짓기를 하며, 이때 제각각 매우 다르고 흥미로운 짝짓기 방법을 사용한다.

거미줄 검색

스피팅 스파이더Spitting spider는 말 그대로의 웹 검색(거미줄 검색)을 한다. 이 거미는 매우 정확하게 침과 독이 섞인 액체를 뱉어내 자신보다 빠른 먹잇감(곤충들)을 잡는다. 짝짓기할 때 암컷 거미는 같은 방법으로 수컷을 녹여버린다.

빠르게 달리는 늑대거미도 예외가 아니다. 북아메리카와 유럽에 분포하는 늑대거미의 암컷은 짝짓기를 한 후 달아나거나 짝을 먹어버린다.

북아메리카에 서식하는 노란정원거미의 수컷은 구애와 짝짓기가 그들의 생애에서 마지막 작업이다. 수컷은 암컷에게 다가가 짝짓기를 하고, 암컷의 생식기에 갇혀 죽는다.

그렇다고 해서 수컷의 이런 죽음이 아무 의미가 없는 것은 아니다. 다른 수컷이 이 암컷과 짝짓기를 하지 못하도록 함으로써 자신의 후손을 확실히 남길 수 있기 때문이다.

오스트레일리아의 붉은등거미는 짝짓기를 하고 죽는다. 수컷은 달아나는 대신 몸을 날려 암컷의 입 바로 위에 자리 잡고 먹히기를 기다린다.

늑대거미의 수컷이 자신보다 더 큰 암컷에게 먹이를 선물로 가지고 구애하며 다가가고 있다.

짝 유혹하기

이집트독수리의 수컷은 밝고 노란 얼굴로 암컷을 유혹한다. 이 염료는 소똥이나 양 또는 염소의 배설물을 먹어서 얻는다. 이들의 배설물에는 주황색을 내는 카로티노이드가 포함되어 있어 배설물을 많이 먹을수록 노란색이 짙어지므로 짝을 찾을 가능성이 커진다.

받는 것보다는 주는 것이 좋아

스칼릿보디와스프Scarlet-bodied Wasp나방의 수컷은 자신의 짝에게 특별한 선물을 주는데, 거미의 공격을 막아낼 수 있는 면역력이다. 수컷은 도그 펜넬Dog Fennel이라고 부르는 국화과 식물에서 독을 모은 후 독이 묻은 실로 짝의 몸을 감는다. 나방은 이 독에 면역이 되어 있지만 거미는 그렇지 않다.

오래 짝짓기하기

오스트레일리아에 사는 쥐처럼 생긴 유대류인 아질 안테키누스Agile antechinus는 짝짓기 시간에서 타의 추종을 불허한다. 짝과 12시간이나 붙어 있는 이들의 사정 시간은 3시간이 넘는다. 그러나 짝짓기의 스트레스가 너무 커서 짝짓기를 한 후 며칠 내에 죽는다.

에인절피시의 수컷은 암컷에 말 그대로 껌처럼 달라붙는다. 크기가 암컷의 10분의 1밖에 되지 않는 수컷은 암컷을 발견하면 물고 놓지 않는다. 그 뒤 수컷의 몸은 조금씩 떨어져 나가 고환만 남는데, 그 상태로 암컷의 몸에 남아 알을 수정시킨다.

갓 부화한 아메리카악어의 성은 서식지의 온도에 의해 결정된다. 서식지 온도가 30℃ 이하이면 모두 암컷이 되고, 34℃ 이상이면 모두 수컷이 된다.

성전환

흰동가리는 쏘는 촉수를 가진 말미잘 사이에서 산다. 흰동가리는 말미잘 촉수에 면역되어 있다. 그런데 흰동가리에게는 이보다 훨씬 흥미로운 일이 있다. 하나의 말미잘에는 최대 6마리의 흰동가리만 살 수 있다. 이 중 2마리는 새끼를 기를 수 있지만, 나머지는 새끼를 기르지 못한다. 이때 가장 강한 흰동가리는 암컷이며 암컷이 죽으면 가장 강한 수컷이 암컷으로 변해 암컷의 자리를 차지한다.

새끼 양육

오스트레일리아에 사는 오리너구리개구리는 아주 특별한 장소에서 새끼를 양육한다. 그 장소는 바로 어미 개구리의 위다. 암컷이 수정란을 삼키면 위에서 올챙이가 자라다가 입을 통해 작은 개구리가 밖으로 나온다. 그런데 불행하게도 위에서 새끼를 기르는 이 개구리는 멸종되어 더 이상 볼 수 없을 것 같다.

열을 내는 식물

타이탄 아룸: 인도네시아에서 자라는 타이탄 아룸Amorphophallus titanum은 지독한 냄새 때문에 '시체식물'로도 널리 알려져 있다. 아룸의 높이는 3m 정도이며 한 번 꽃을 피우는 데 너무 많은 에너지를 소모하기 때문에 10년에 한 번씩만 꽃을 피운다. 아룸은 황을 바탕으로 하는 화합물을 가열하여 썩은 고기 냄새를 풍겨 파리를 유혹한다. 1999년에 매사추세츠 주 보스턴에 있는 식물원에서 타이탄 아룸이 꽃을 피우자 아룸 꽃의 썩은 냄새를 맡아보려는 사람들이 3.3km나 길게 늘어섰다. 2004년 9월에 핀 이 꽃의 냄새를 맡아보기 위해 관람객은 2시간 이상 기다려야 했을 뿐만 아니라 밤늦게까지 관람객이 끊이지 않자 케임브리지 대학의 식물원에서는 자정 이후까지

문을 열었다. 이것은 155년의 식물원 역사상 처음 있는 일이었다.

데드 호스 아룸: 코르시카에서 자라는 데드 호스 아룸Helicodiceros muscivorus의 두꺼운 핑크빛 꽃은 곤충을 유혹해 수정을 돕도록 하기 위해 말이 썩어가는 냄새를 풍긴다. 이 꽃은 스스로 자신의 온도를 30℃까지 올릴 수 있다.

필로덴드론 셀로움: 브라질에서 자생하는 스스로 열을 내는 필로덴드론 셀로움Philodendron selloum은 좀 더 섬세하다. 이 꽃은 열을 발생시킬 수 있을 뿐만 아니라 외부 온도가 4℃인 경우에도 꽃 온도를 30~36℃로 유지할 수 있다. 그러다 외부 온도가 37℃ 이상 올라가면 열의 발생을 중지한다. 이와 비슷하게 아시아 새크리드 로투스Nelumbo nucifera도 꽃 온도를 30~37℃로 유지할 수 있다.

동부 스컹크 양배추: 북아메리카와 아시아에서 자라는 동부 스컹크 양배추Symplocarpus foetidus는 눈 속에서도 꽃을 피울 뿐만 아니라 꽃이 내는 열이 눈을 녹여 동굴을 만든다. 대기 온도가 빙점 이상으로 오르면 꽃의 중심 부분의 온도는 9℃까지 올라간다. 포유류도 활동하기 어려운 빙점 이하의 온도에서는 외부 온도보다 30℃ 높은 온도를 유지할 수 있다.

동부 스컹크 양배추
(Easter Skunk Cabbage)

화학 무기

폭탄먼지벌레: 이 벌레는 배 아래 있는 주머니 끝에서 화학물질을 혼합하여 폭발시킬 수 있다. 또한 100℃나 되는 뜨거운 액체가 포식자를 향해 발사된다. 뿐만 아니라 270° 회전할 수 있는 배를 이용하여 거의 모든 방향에 있는 적을 공격할 수 있다.

홀리크로스개구리의 풀 Holy Cross Toad Glue: 오스트레일리아에 서식하는 이 개구리를 건드리면 강력한 풀 같은 액체가 피부에서 흘러나온다. 공격적인 개미 같은 적이 공격하면 이 액체가 개미의 피부에 달라붙는데, 피부가 녹기 시작하면 잡아먹는다.

텍사스혼도마뱀의 피: 이 도마뱀은 가시가 있는 피부의 보호를 받고 있다. 포식자가 계속 공격하면 눈 뒤에 있는 공동에서 고

약한 맛이 나는 피를 내뿜는다.

골든포이즌다트개구리Golden Poison-Dart Frog: 남아메리카에 사는 이 개구리는 피부에 100명의 사람을 죽일 수 있을 정도의 독이 있을 정도로 세상에서 가장 강한 독을 가진 동물이다. 개구리의 피부를 만지는 것만으로도 죽을 수 있는데, 스스로 독을 만들어내지는 않는다. 이 개구리는 식물을 먹어 독을 가지게 된 딱정벌레를 먹어 독을 얻는다.

선충의 칵테일 Nematode Worm cocktail: 선충은 애벌레와 구더기의 살갗을 뚫고 몸속으로 들어간다. 애벌레나 구더기의 몸속에 들어가면 독을 만들 뿐만 아니라 어둠 속에서 밝게 빛나는 세균들을 풀어놓는다. 애벌레가 죽으면 선충은 애벌레뿐만 아니라 세균도 먹어치운 후 알을 낳는다. 다른 알이 어미 선충의 몸 안에서 부화하면 선충은 어미 선충을 먹는다. 애벌레가 분해되면 선충은 짝짓기를 하고 알을 낳으며, 새끼들은 땅속으로 흩어진다.

상자해파리의 촉수: 오스트레일리아의 해변 물가에서 볼 수 있는 상자해파리는 바다에서 가장 강한 독을 가지고 있는 동물이다. 가시같이 찌르는 상자해파리의 촉수를 만지면 죽을 수도 있다. 그러나 이 해파리의 촉수는 여자들이 입는 팬티스타킹은 뚫지 못한다. 그래서 건장한 해안 경비대원들은 자신을 보호하기 위해 여자들의 팬티스타킹을 입는다.

9

날씨와 대기

날씨의 변화는 왜 생길까?

날씨의 변화는 대기와 바닷물이 지구의 열과 에너지를 지구 전체에 끊임없이 재분배하는 과정에서 발생한다.

에너지의 근원은 태양이다. 육지와 바다는 태양에너지를 흡수하고 방출하는 방법이 다르다. 바다는 육지보다 태양에너지를 천천히 흡수하고 천천히 방출한다.

지구상의 여러 가지 다른 기후는 위도와 함께 육지와 바다의 모양에 따라 달라진다.

기압

대기압 또는 기압은 대기가 지구 표면을 누르는 힘이다. 적은 양의 공기가 내리누르는 높은 산에서는 해수면에서보다 대기압이 낮다. 더 많은 공기가 내리누르는 광산의 깊은 갱도 안에서는 대기압이 높다.

고기압과 저기압

저기압에서는 상승기류가 발생하여 공기가 위로 올라가고, 고도가 높아짐에 따라 온도가 낮아진다. 차가운 공기는 따뜻한 공기보다 적은 양의 수증기만 함유할 수 있다. 따라서 수증기는 작은 먼지 입자에 달라붙어 작은 물방울을 형성하고, 이런 물방울들이 구름을 만든다. 따라서 저기압인 지역은 구름이 많고 비가 오는 날씨를 불러온다. 북반구에서는 바람이 반시계방향으로 불면서 저기압을 향해 불어오고, 남반구에서는 시계방향으로 돌면서 저기압을 향해 불어온다.

고기압 지역에서는 하강기류가 발생하여 공기가 아래로 내려오면서 온도가 올라간다. 높은 온도에서는 낮은 온도에서보다 공기가 더 많은 수증기를 함유할 수 있다. 따라서 고기압인 지역에는 날씨가 좋은 경우가 많다. 겨울에는 아주 차가운 고기압이 만

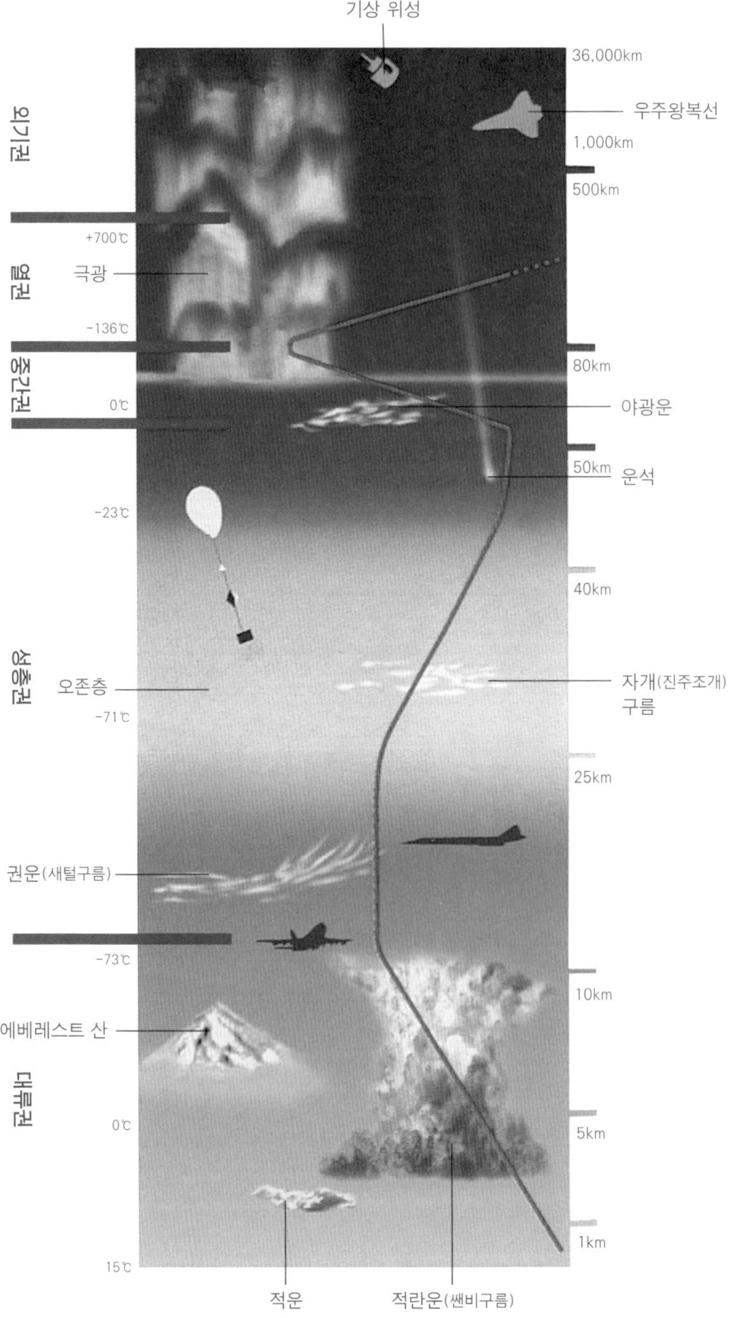
기상 위성
36,000km
우주왕복선
1,000km
500km
외기권
+700℃
열권
극광
-136℃
80km
중간권
0℃
야광운
50km
운석
-23℃
40km
성층권
오존층
-71℃
자개(진주조개)
구름
25km
권운(새털구름)
-73℃
10km
에베레스트 산
대류권
0℃
5km
1km
15℃
적운
적란운(쌘비구름)

들어실 수도 있다.

고기압은 저기압보다 지역이 넓고 천천히 이동한다. 북반구에서는 바람이 시계방향으로 불면서 고기압에서 불어 나오고, 남반구에서는 반시계방향으로 돌면서 고기압에서 불어 나온다.

기압이 같은 지점을 연결한 선을 '등압선'이라고 한다. 고기압과 저기압은 등압선의 고리에 둘러싸여 있다. 바람은 고기압과 저기압의 기압 차를 없애기 위해 분다. 등압선이 멀리 떨어져 있으면 약한 바람이 불고, 등압선이 가깝게 분포하면 강한 바람이 분다.

이동하는 공기

적도 지방에서는 북극이나 남극 지방에서보다 태양이 표면을 수직으로 비춘다. 따라서 적도 지방이 극 지방보다 따뜻하다. 이러한 온도 차이를 없애기 위해 적도에서 극 쪽으로 바람이 분다. 지구의 자전 때문에 발생하는 코리올리 효과라는 힘과 마찰력의 작용으로 북반구에서는 바람이 우측으로 휘어 진행하고, 남반구에서는 좌측으로 휘어 진행하게 된다.

적도 지방에서는 일주일 내내 바람이 전혀 불지 않거나 불어도 아주 약하게 부는 경우가 많다. 이 지역을 '적도 무풍대'라고 부른다. 적도 지방에서 따뜻하고 습한 공기가 위로 올라가면 검은 구름이 형성되어 적도 우림지대에 비를 뿌리게 된다.

남위와 북위 30° 부근에서는 높은 곳에서 극 쪽을 향해 움직이던 공기가 하강하기 시작한다. 공기가 하강하면 고기압이 형성되고 온도가 올라가 건조해져 사막 지역이 만들어진다.

북반구에는 적도 무풍지대의 북쪽에서 배들이 항해할 때 속도를 높이기 위해 이용하던 '북동 무역풍'이 부는 지역이 있다. 남반구의 같은 위도 지방에도 비슷한 바람이 부는데, 이를 '남동 무역풍'이라고 한다.

북반구와 남반구의 무역풍이 부는 지역과 극 지방의 중간 지방인 위도 30~60° 사이에 위치한 지역에는 '서풍'이 분다. 중위도 지방의 날씨는 서쪽에서 동쪽으로 이동해 간다. 한편 극 지방에는 '극동풍'이 분다.

지구 표면 부근에서 부는 바람 가운데 가장 빠른 바람은 1934년 뉴햄프셔 주 워싱턴 산에서 관측된 것으로, 속도는 372km/h였다.

계절풍

인도양과 남중국해에서는 바람이 1년에 두 번 180° 방향을 바꾼다. 가을과 겨울에는 아시아 대륙의 온도가 내려가 차가운 고기압이 형성되어 대륙에서 기압이 낮은 바다를 향해 바람이 분다. 이것을 '북동 계절풍'이라고 한다.

봄과 여름에는 육지 온도가 올라가 저기압이 형성되어 바람이 바다에서 대륙을 향해 분다. 이것이 '남동 계절풍'이다. 남동 계절풍은 많은 양의 비를 내린다.

부탄의 로(Ro) 계곡에 늦은 계절풍 때문에 많은 비가 내려 불어난 계곡물로 논이 물에 잠겼다.

활승 바람과 활강 바람

‘활승 바람’은 산 아래쪽에서 위쪽으로 부는 바람이고, ‘활강 바람’은 산 위쪽에서 아래쪽으로 부는 바람이다. 활승 바람은 햇빛이 산의 일부만 비추어 공기를 따뜻하게 만들어 상승하도록 하고 나머지 부분은 차가운 채로 남아 있는 경우에 발생한다. 활강 바람은 안데스 산맥에서 대서양과 태평양을 오가는 배들이 지나다니는 티에라델푸에고 섬 사이의 해협 쪽으로 분다.

허리케인의 발생

허리케인은 따뜻한 물과 습도가 높은 공기 그리고 적도 바람이 모이는 적도 지방에서 형성된다. 허리케인은 별다른 피해를 주지 않는 열대성 저기압으로 시작한다. 열대성 저기압에서는 바람의 속도가 60km/h를 넘지 않는다. 열대성 저기압은 바람의 속도가 250km/h인 허리케인으로 발전하기 전에 118km/h 정도 되는 열대성 폭풍 단계를 거친다.

대서양 허리케인

중앙아메리카와 북아메리카 동쪽 해안을 강타하는 허리케인은 아프리카 서해안 부근에서 만들어진다. 허리케인이 발생하기 위해서는 바닷물 온도가 27℃ 이상이 되어야 한다. 따뜻하고 습기가 많은 공기가 빠르게 상승하여 폭풍우 구름을 만들고, 공기가 상승한 자리는 바다 표면에서 증발한 물을 많이 머금은 공기가 채우게 된다. 그러면 저기압의 중심을 싸고도는 바람이 불게 된다. 이것은 물이 배수구로 내려갈 때 빙글빙글 돌면서 빠져나가는 것과 비슷한 현상이다.

태풍의 눈

허리케인의 눈 – 저기압의 중심 부분 – 은 의외로 조용하다. 그러나 눈을 둘러싸고 소용돌이치는 바람이 부는 지역은 바람이 가장 강하게 분다. 눈에서 바깥쪽으로 이동하면서 발생하는 뇌우는 허리케인의 연료로 작용한다.

허리케인의 이름

허리케인의 이름은 세계기상기구가 정한다. 제2차 세계대전까지는 남성의 이름만 사용되다가 1950년대와 1960년대에는 여성의 이름만, 1970년대 이후에는 남성과 여성의 이름이 번갈아가면서 알파벳 순서로 사용되었다. 그 계절의 첫 번째 허리케인은 A로 시작하는 이름으로 하고 다음에는 B로 시작하는 이름으로 한다.

허리케인의 이름은 한 번 사용하면 10년 동안은 다시 사용하지 않는다. 그것은 허리케인의 피해를 이야기할 때와 같이 허리케인을 지칭할 때 혼동을 피하기 위한 것이다.

북아메리카에서 발생한 가장 강력한 허리케인(중심 기압으로 분류)

이름	지역	등급	날짜	바람의 속도 (km/h)	중심 기압 (mb)
노동절 폭풍	플로리다	5	1935년 9월 2일	290	892
카트리나	루이지애나, 미시시피	4	2005년 8월 23~31일	280	904 902
카밀	루이지애나, 미시시피, 버지니아	5	1969년 8월 14~22일	200	909 905
앤드루	플로리다, 루이지애나	4	1992년 8월 16~28일	165	922
이름 없음	인디애나, 텍사스	4	1886년 8월 29일	알려지지 않음	925
대서양 걸프	플로리다, 텍사스	4 & 3	1919년 9월 10~14일	241	927
샌펠리페 오키코비	플로리다	4	1928년 9월 16~17일	144	929
도나	플로리다, 뉴잉글랜드	5	1960년 9월 8~13일	282~322	930
칼라	텍사스	4	1961년 9월 11일	241	931

사피어-심프슨 허리케인 등급

	바람의 속도(km/h)	중심 기압(mb)	피해 정도
등급 1	119 ~ 153	980	아주 작은 건물
등급 2	154 ~ 177	965 ~ 979	지붕, 문, 창문
등급 3	178 ~ 209	945 ~ 964	작은 건물
등급 4	210 ~ 249	920 ~ 944	벽과 지붕
등급 5	249 초과	920 미만	건물 붕괴

토네이도 골짜기Tornado Alley

소용돌이치는 거대한 뇌우인 '슈퍼셀Supercell'로 시작되는 토네이도는 매우 강력하고 오래 활동한다. 이런 폭풍은 깔때기 모양의 회오리바람이 점점 더 거세지면서 매우 낮은 기압이 만들어져 더 많은 공기를 끌어당긴다.

차갑고 건조한 극 지방의 공기와 따뜻하고 습기가 많은 열대 공기가 만날 때 만들어지는 이런 폭풍은 미국에서는 '토네이도 골짜기'라고 불리는 중서부 일대에서 자주 발생한다.

소용돌이치는 바람

세계에서 가장 빠른 바람은 1999년 5월 3일 오클라호마시티에서 발생한 토네이도 내부에서 측정한 바람으로, 속도는 512km/h였다. 이날 57개의 토네이도가 발생해 56명이 목숨을 잃었다.

미국에서 가장 피해가 컸던 토네이도

트리 스테이트 토네이도 Tri-State Tornado: 1925년 3월 18일에 발생한 것으로 미주리, 일리노이, 인디애나를 휩쓸어 가장 먼 거리를 휩쓴 가장 빠른 토네이도로 기록되었다. 이 토네이도는 117km/h의 속도로 미국을 관통했다.

그레이트 나체즈 토네이도 Great Natchez Tornado: 1840년 5월 7일에 발생한 것으로 미시시피 강을 따라 북쪽으로 이동하면서 많은 마을과 농장 그리고 배들을 파괴했다.

세인트루이스 토네이도: 1896년 5월 27일에 미시시피와 일리노이를 지나간 것으로 폭이 1.6km가 넘는 지역을 파괴하였다. 이 토네이도는 주요 도시를 강타한 몇 안 되는 토네이도 중의 하나다.

투펠로 토네이도 Tupelo Tornado: 1936년 4월 5일에 투펠로 토네이도가 미시시피의 투펠로를 강타했다. 이 토네이도의 생존

자 중 한 사람이 한 살박이 엘비스 프레슬리Elvis Presley였다. 이 토네이도는 또 다른 토네이도인 게인스빌 토네이도를 발생시켰다.

게인스빌 토네이도 Gainsville Tornado : 1936년 4월 6일에 발생한 것으로 조지아 주 게인스빌의 쿠퍼 팬츠 팩토리를 비롯한 주요 건물들을 파괴했고, 200명이 넘는 사람들의 목숨을 앗아갔다.

오클라호마 유니온시티(1973년 5월 24일): 발생 초기 단계에 있는 토네이도

불을 동반한 바람

1860년에 온도가 50℃, 폭이 90m나 되는 뜨거운 회오리바람이 조지아 주를 지나가면서 목화밭을 불태웠고, 많은 사람의 목숨을 앗아갔다.

1869년 여름에는 테네시 주 치탐 카운티에 불을 동반한 강력한 회오리바람이 지나가면서 주위에 있는 모든 것을 태워버렸다. 말들이 그슬렸고, 숲은 불탔으며, 건초더미는 크게 타올랐고, 수많은 농가가 불길에 휩싸였다.

이 불기둥은 강에 도달해 많은 양의 수증기를 발생시킨 후에야 불이 꺼졌다.

전 세계 토네이도

유럽 북서부, 아프리카 남부, 인도 북부, 중국 동부와 일본, 오스트레일리아 동부, 아르헨티나, 우루과이 북부, 미국 중서부 등 세계 주요 곡창지대에서 토네이도가 가장 많이 발생한다. 곡식과 토네이도는 공통적으로 계절에 따라 대기의 불안정으로 인해 발생하는 습기가 필요하기 때문이다.

1916년, 1917년 그리고 1918년에 캔자스 주 코델Codell의 주민은 3년 연속 같은 날(5월 20일)에 토네이도의 습격을 받았다.

안개

안개는 지표 근처에 만들어진 구름이다. 국제적으로 가시거리가 1km 이하인 것을 '안개'라고 하며 공기 온도가 이슬점 온도 이하로 내려갈 때 만들어진다. 온도가 이슬점 온도 이하로 내려가면 작은 알갱이에 수증기가 응결되어 작은 물방울이 생긴다.

복사안개: 가을과 겨울에는 길어진 밤이 안개를 발생시킨다. 땅이 복사에 의해 공기 중으로 열을 빼앗겨 온도가 이슬점 이하로 내려가 발생하는 것이 '복사안개'다.

이류안개: 날씨가 추워진 다음에 따뜻하고 습도가 높은 공기가 차가운 공기와 만나 갑자기 식으면 '이류안개'가 발생한다. 이런 안개는 매우 짙고 여러 날 동안 계속되기도 한다. 이류안개는 샌프란시스코 해안 등에서 주기적으로 발생하는데, 따뜻한 해류에서 불어온 바람이 차가운 해류 위에서 불 때도 발생한다.

활승안개: 바다에서 불어오는 따뜻하고 습기가 많은 바람이 산맥 쪽으로 불어 경사면을 따라 올라가게 되면 팽창하면서 식어 '활승안개'를 만든다.

증기안개: 따뜻한 호수, 연못, 목욕탕 등의 상부에 차가운 공기

가 있으면 '증기안개'가 발생한다. 바다에서 발생하는 증기안개는 '해무'라고 부른다. 증기안개가 발생하기 위해서는 따뜻한 공기와 차가운 공기의 온도 차가 9℃는 되어야 한다.

박무: 작은 물방울이 가시거리에 약간의 영향을 주는 안개를 '박무'라고 부른다. 가시거리를 현격하게 줄이는 것이 '안개'다.

안개의 강도	가시거리(m)	영향
안개	1,000 이하	비행기의 이착륙
짙은 안개(농무)	50 ~ 200	도로 교통
아주 짙은 안개	50 이하	모든 종류의 교통수단

스모그는 연기와 안개가 결합한 것이다. 주로 산업화된 대도시 또는 많은 차량 주변에서 발생한다.

한 번의 폭풍우가 내린 가장 많은 눈은 1959년 2월 13~19일에 캘리포니아 주 샤스타 산Mt. Shasta에 내린 것으로, 적설량은 480cm였다.

비와 이슬비

지름이 0.5mm 이상인 물방울을 '비'라고 하고, 이보다 물방울의 크기가 작은 경우는 '이슬비'라고 부른다. 이슬비는 낮고 얇은 구름에서, 비는 높고 두꺼운 구름에서 내린다. 짙은 이슬비가 약한 비보다 지면을 더 많이 적시고 가시거리도 더 낮춘다.

습기를 머금은 공기가 상승하여 식으면 물방울이 만들어져 구름이 형성된다. 물방울들은 서로 부딪히면서 뭉쳐 이슬비를 만든다. 구름 안에서는 얼음 알갱이도 만들어지는데, 이들은 구름 안에서 더 많은 수증기를 모은다. 그러고는 서로 부딪히면서 커져서 눈송이가 된다. 이것이 땅으로 떨어지면서 녹으면 비가 되며, 지표면 위의 공기 온도가 영하이면 눈으로 내린다.

거대한 눈송이

눈은 항상 작은 덩어리로 내리지는 않는다. 1887년 겨울, 영국 쳅스토Chepstow에서는 길이가 9cm, 폭이 6.5cm, 두께가 4cm인 아주 큰 눈송이가 내렸다. 같은 시기에 미국 몬태나 주 포트 케오그Fort Keogh에 내린 눈송이는 더 컸는데, 지름이 38cm나 되었고 두께는 20cm였다.

우박

우박은 거대한 뇌운에서 만들어지는 커다랗게 얼어붙은 비다. 구름 안에서 눈송이가 하강하는 동안 물방울이 주위에 달라붙으면서 얼어 얼음 조각이 만들어진다. 이 얼음 조각이 구름 바닥까지 내려 온 다음 상승기류에 의해 다시 구름 꼭대기까지 밀어 올려진다. 얼음 조각이 여러 번 하강과 상승을 반복하면 더 큰 우박이 되어 땅에 떨어진다.

우박의 형태

폭발하는 우박: 1911년 11월 11일 오후, 우박이 미주리 대학을

폭격했다. 우박은 땅에 떨어지자마자 폭발했다.

테니스공 크기의 우박: 아프가니스탄의 한 증기선이 거대한 우박의 피해를 입고 카타르의 움 세이드Umm Said 한 해안에 닻을 내렸다. 대부분의 우박은 테니스공 정도였지만 큰 것은 지름이 13cm나 되었다.

가장 큰 우박: 1928년에 미국 네브래스카 주에 떨어진 우박은 지름이 17.8cm나 되었다. 이전에 오랫동안 기록을 유지하고 있던 우박은 1928년 7월 6일 네브래스카 주 포터Potter에 떨어진 것으로 지름은 17.8cm였고, 무게는 680g이었다.

코코넛 크기의 우박: 1936년에 남아프리카공화국의 트랜스발Transvaal에 코코넛 크기의 우박이 떨어졌다. 이 우박이 떨어진 곳은 땅이 1m 깊이로 파였고, 사람과 짐승들 그리고 농작물이

미국 국립 폭풍연구소에 보관 중인 약 15cm 지름의 거대한 우박

피해를 입었다.

비행선 모양의 우박: 1887년에 자메이카의 킹스턴Kingston에 폭풍우가 몰아쳤을 때 지름이 2cm 정도 되는 비행선 모양의 우박이 떨어졌다.

얼음판 모양의 우박: 1894년 6월, 미국 오리건 주 동부에 토네이도가 지나갈 때 한 변의 길이가 8~10cm인 커다랗고 평평한 모양의 얼음판 우박이 떨어졌다.

거북 모양의 우박: 1894년 5월 11일, 미국 미시시피 주 빅스버그Vicksburg에서 동쪽으로 13km 떨어진 곳에서 폭풍우가 불 때 안에 거북이 들어 있는 큰 우박이 떨어졌다. 거북은 완전히 얼음에 둘러싸여 있었다.

폭풍우

폭풍우는 천둥과 번개를 동반하는 것이 특징이다. 폭풍우가 불 때는 보통 많은 비가 내리고, 우박 또는 심지어 눈이 내리기도 한다.

1892년에 스페인의 코르도바에 심한 뇌우를 동반한 폭풍이 불었을 때 벽이나 나무, 땅 등에 벼락이 떨어져 사방에 불꽃이 튀었다.

벼락: 한 번의 불꽃 속에 많은 사건이 들어 있다

벼락은 빛의 속도의 절반인 초당 14만 9,896km의 속력으로 내리친다. 벼락은 한 번 치는 것 같지만 많게는 42회까지 위에서 아래로, 아래에서 위로 친다. 첫 번째 벼락(주로 아래에서 위로 치는)은 위에서 아래로 치는 벼락보다 약하다.

각각의 벼락 사이의 간격은 0.02초이고, 한 번의 벼락이 지속하는 시간은 0.0002초다. 한 번의 불꽃은 약 0.25초 동안 지속되는데, 우리 눈에 보이는 것은 각각의 벼락 사이에 빛나는 불빛이다.

구상번개

1963년 5월 19일, 뉴욕에서 워싱턴 D. C.를 향해 야간 비행하던 여객기가 뇌우 속을 통과했다. 그순간 객실의 승객들은 비행기 앞쪽에서 빛나는 공 모양의 불꽃이 나타나 통로를 통과한 후 펑하는 소리와 함께 사라지는 것을 보았다. 그것은 아마도 해를 주지 않는 구상번개였을 가능성이 크다.

붉은색 번개와 녹색 번개

1925년 5월 어느 날 저녁, 영국 노스 캐드버리North Cadbury에 있는 교회에서 예배를 드리던 도중에 신자들은 붉은색으로 빛나는 번개를 보았다. 또한 1927년 캐나다의 온타리오 주 사람들은 초록색 번개를 목격하기도 했다.

행운의 벼락

미국 뉴햄프셔 주 켄싱턴Kensington에서는 폭풍우가 부는 동안 땅에 벼락이 떨어져 지름이 30cm, 깊이가 100m나 되는 구덩이가 생겼다. 물이 가득 찬 이 웅덩이는 농가에서 유용하게 쓰이는 우물이 되었다.

맑은 하늘에 치는 번개

1886년, 영국에서 미국으로 항해하던 어느 배의 선장은 하늘이 맑고 태양이 빛나고 있는 동안 내리친 밝은 번개 불빛을 보았고, 큰 천둥소리도 들었다.

붉은 도깨비, 푸른 제트 그리고 요정들

붉은 도깨비: 구름의 꼭대기에서 성층권으로 건너뛰는 붉은색의 번갯불을 말한다. 이것은 수천분의 1초라는 아주 짧은 시간 동안 지속하지만, 폭은 몇 km나 되기도 한다. 빛 속도의 10분의 1인 1억 7백만 km/h의 속도로 이동한다.

푸른 제트: 폭풍우의 중심부에서 만들어지는 원뿔 모양의 번갯불.

요정들: 비행선 또는 도넛 모양의 번갯불로, 주로 붉은색이다. 구름의 상층부에서 만들어지며, 폭이 400km나 된다.

구름에서 구름으로, 구름에서 땅으로 치는 여러 개의 번개

찾아 보기

ㅇ

ㅈ

ㅊ

사진 저작권

앞표지 www.shutterstock.com / 뒷표지 및 3p www.freepik.com

David Bjorgen 48 / Department of the Interior 21 / Editions Gallimard 200 / Getty 46, 107, 111, 122, 129, 173, 175, 177, 190 / NASA 12, 55, 100, 167, 209 / National Human Genome Research Institute 64 / NOAA 30, 124, 154, 158, 215, 219 / Photolibrary 37, 47, 57, 74, 82, 89, 96, 102, 133, 141, 145, 163, 181, 184, 188, 203 / Richard Burgess 25, 26, 42, 51, 55, 114, 153, 200 / SPL 70

참고문헌

Handbook of Unusual Natural Phenomena, edited by William R. Corliss, Source Book Project.

Encyclopaedia pf Mammals, edited by Dr David MacDonald, George Allen and Unwin.

1001 Natural Wonders You Mudt See Before You Die, edited by Michael Bright, Barron's.

웹사이트

BBC http://www.bbc.co.uk/sn/; **Nstional Aeronautics and Space Administration(NASA)** http://solarsystem.nasa.gov/index.cfm; **Arizona University, Department of Geological Sciences** http://geology.asu.edu/; **American Museum of Natural History, New York** http://www.amnh.org/; **British Antarctic Survey** http://www.antarctica.ac.uk/; **Concordia University, Montreal** http://www.concordia.ca/; **University of Berkeley, Earth and Planetary Science** http://eps.berkeley.edu/; **New Scientist** http://www.newscientist.com/home.ns; **Science Magazine** http://www.sciencemag.org/; **US Geological Survey** http://www.usgs.gov/; **University of Texas at Austin, Institue of Geophysics** http://www.ig.utexas.edu/; **National Oceanic and Atmospheric Administration** http://www.noaa.gov/; **University of Washington, Department of Earth and Space Sciences** http://www.ess.washington.edu/; **National Geographic Association** http://news.nationalgeographic.com/index.html; **Journal of Cave and Karst Studies, Bulletin of the National Speleological Society** http://www.caves.org/pub/journal/;**University of Oxford, Department of Earth Sciences** http://www.earth.ox.ac.uk/index.htm; **The Natural History Museum, London** http://www.nhm.ac.uk/; **Smithsonian Institution, Washington DC** http://www.si.edu/; **World Wildlife Fund** http://www.worldwildlife.org/news/; **Guinness World Records** http://www.guinnessworldrecords.com/